国家自然科学基金面上项目(51974145)资助

岩土及地下工程教育部重点实验室开放课题(KLE-TJGE-B2001)资助

冻融循环作用下尾矿坝强度劣化及时效变形机制

金佳旭　韩　光　张二军　著

中国矿业大学出版社

·徐州·

内 容 提 要

季冻区尾矿砂受冻胀融沉的循环作用,使得其变形特性有所差别。如何以更科学的方法和手段确保季冻区尾矿坝的安全成为当前亟待解决的问题。本书从宏观和细观的角度分别研究了不同冻融循环次数时尾矿砂的变形特性;通过相似模型试验研究了冻融循环次数、冻融温度、冻融时间对尾矿坝变形的影响,并获取尾矿坝关键点的变形规律;建立了冻融循环条件下尾矿坝水、热、力三场耦合模型,提出数值解法,验证模型的正确性;研究了不同冻融循环次数和不同冻结温度条件下尾矿坝的最大冻结深度和位移场分布规律,分析最大变形量与安全系数之间的关系,获取安全系数与随着冻融循环次数增加的定量退化特征,为实际工程提供具有参考价值的理论依据。

图书在版编目(C I P)数据

冻融循环作用下尾矿坝强度劣化及时效变形机制 /
金佳旭,韩光,张二军著. — 徐州：中国矿业大学出版
社,2021.12

ISBN 978 - 7 - 5646 - 5246 - 3

Ⅰ.①冻… Ⅱ.①金…②韩…③张… Ⅲ.①尾矿坝
—劣化—变形机制—研究 Ⅳ.①TD926.4

中国版本图书馆 CIP 数据核字(2021)第 261651 号

书 名	冻融循环作用下尾矿坝强度劣化及时效变形机制
著 者	金佳旭 韩 光 张二军
责任编辑	杨 洋
出版发行	中国矿业大学出版社有限责任公司
	(江苏省徐州市解放南路 邮编 221008)
营销热线	(0516)83884103 83885105
出版服务	(0516)83995789 83884920
网 址	http://www.cumtp.com E-mail:cumtpvip@cumtp.com
印 刷	徐州中矿大印发科技有限公司
开 本	787 mm×1092 mm 1/16 **印张** 8.25 **字数** 148 千字
版次印次	2021 年 12 月第 1 版 2021 年 12 月第 1 次印刷
定 价	48.00 元

(图书出现印装质量问题,本社负责调换)

前　言

　　季节性冻土区由于尾矿砂受冻胀融沉的循环作用,使得该区域尾矿坝变形特性和其他地区有所差别。如何以更科学的方法和手段确保此类地区尾矿坝的安全成为当前亟待解决的问题。

　　本书采用理论分析、实验室试验和数值计算相结合的研究方法对冻融循环作用下尾矿坝变形特性进行研究。从宏观和细观的角度分别研究了不同冻融循环次数时尾矿砂的变形特性及演化规律;通过相似模型试验研究冻融循环次数、冻融温度、冻融时间对尾矿坝变形的影响,并获取尾矿坝关键点的变形规律;建立冻融循环条件下尾矿坝水、热、力三场耦合模型,提出了数值解法,并通过与试验结果对比,验证模型的正确性;研究了不同冻融循环次数、不同冻结温度条件下尾矿坝的最大冻结深度和位移场分布规律,分析最大变形量与安全系数之间的关系,获取安全系数随着冻融循环次数增加的退化特征;对季节性冻土区的尾矿坝变形控制措施进行研究,为实际工程提供具有参考价值的理论依据。

　　全书共7章内容,各章撰写分工如下:第1章由金佳旭、韩光撰写,第2章、第3章由金佳旭、张二军撰写,第4章由金佳旭撰写,第5章、第6章由张二军撰写,第7章由韩光、张二军撰写。

　　感谢国家自然科学基金面上项目(51974145)和岩土及地下工程教育部重点实验室开放课题(KLE-TJGE-B2001)的资助。由于作者时间、水平有限,本书中存在不足之处,敬请读者批评指正。

作　者
2022 年 6 月

目　　录

1　绪　　论

2019 年 1 月 26 日,位于巴西米纳斯吉拉斯州的某铁矿尾矿坝发生溃坝,事故造成多人死亡和失踪。事故调查报告表明:尾矿坝大变形是坝体失稳破坏的根本原因。

目前,不同环境下的尾矿坝稳定性研究已受到高度重视。我国季节性冻土占领土面积一半以上,位于季冻区的尾矿坝数量巨大,经历复杂且频繁的冻融循环作用后,坝体内赋存的许多离散、锥状的细观冰相结构向液相转变将引发宏观强度参数的劣化,从而造成坝体边坡产生时效大变形,诱发尾矿坝事故。因此,针对季冻区尾矿坝强度劣化及时效变形机制的研究具有重要的理论和现实意义。

2020 年我国共有尾矿坝近 8 000 座,总量居世界第一。尾矿坝数量居前10 位的省份分别为河北、辽宁、云南、湖南、河南、内蒙古、江西、山西、陕西、甘肃,占总数的 75.1%。其中,"头顶坝"(初期坝坡脚起至下游尾矿流经路径1 公里范围内有居民或者重要设施的尾矿坝)1 112 座,数量排前 10 位的省份分别为:湖南、河北、河南、辽宁、云南、江西、湖北、甘肃、山西、山东,占总数的73.9%。如何以更加科学的方法和手段确保该类地区尾矿坝的安全成为当前亟待解决的问题。因此,研究冻融循环作用下的尾矿坝变形、沉降规律为研究季节性冻土区尾矿坝的稳定性提供理论依据和技术支持,具有重要的应用价值。

综上所述,有必要综合考虑各种关键因素对尾矿坝稳定性的影响,对季节性冻土区的尾矿坝稳定性进行深入研究,弄清不同条件时尾矿坝的变形和沉降机理,为实际工程提供理论依据和参考。这对提高尾矿坝的本质安全状态,控制尾矿坝运行时的危险因素,降低尾矿坝生产风险,预防尾矿坝事故发生,保护下游居民及企业的财产安全,维持坝区周边的社会稳定和创建良好的生态环境具有重要意义。

2 冻融循环作用下尾矿砂变形特性研究

尾矿砂是尾矿坝的基本筑坝材料,尾矿坝的安全性和稳定性与其有直接关系。试验选内蒙古境内某尾矿坝子坝坝顶尾矿砂,未经任何破碎、筛分等处理,呈灰黑色。根据《土工试验方法标准》(GB/T 50123—2019),对尾矿砂进行土工试验。

2.1 冻融循环作用下尾矿砂宏观特性

影响冻融特性的因素有土质、干密度、含水率、冻结温度、冻融循环次数等。研究冻融循环作用下尾矿砂物理力学性能指标的差异性,为更好地研究冻融循环作用下尾矿坝变形特性提供理论依据。

2.1.1 冻融循环作用下固结渗透直剪试验

试验选取冻融循环次数、含水率、干密度和固结压力作为主要控制因素。试验前,首先通过 GDH-2005 B 型高低温试验箱对不同数量的尾矿砂试样进行冻融循环,冻结温度最低控制在 −45 ℃,熔融温度最高控制在 45 ℃,冻结和解冻时间均为 3 h。在前人研究成果的基础上考虑冻融循环对尾矿砂物理力学性能的影响,最多可冻融 9 次,试样含水率为 15%。

2.1.1.1 冻融循环作用下尾矿砂固结渗透直剪试验设计

(1)试验所需设备

进行标准固结试验,试验装置为 WG 型单杠杆固结仪(图 2-1);渗透试验采用 ST55-2 改进型渗透仪(图 2-2),按照变水头法进行尾矿样的渗透性试验;直剪试验采用固结快剪试验,试验装置采用四联应变控制式直剪仪(图 2-3)。

(2)试验试件的制备

试件制备采用的环刀规格均为:$\phi 61.8$ mm,高为 40 mm,含水率按照 4%、10%、16%、22%以及饱和(模拟坝体不同位置尾矿砂含水率)状态来区分,试件干密度为 1.66 g/cm³、1.83 g/cm³、2.0 g/cm³ 3 种情况(模拟坝体不同位置压实系数的尾矿砂干密度)。将制作好的试件放入冻融设备内进行冻融循环。

图 2-1　固结仪　　　　　图 2-2　渗透仪　　　　　图 2-3　直剪仪

2.1.1.2　试验结果分析

（1）冻融循环作用下尾矿砂固结试验

① 冻融循环作用下尾矿砂孔隙率变化规律。

由图 2-4 可看出：随着含水率的增大,孔隙率先减小后增大,尾矿砂是否冻融并不影响。冻融作用并未使孔隙比与含水率之间的关系发生变化,但是在初始条件相同时,冻融后尾矿砂试样的孔隙比较小。

由图 2-5 可以看出：饱和尾矿砂的孔隙比随着干密度的增大而减小,在冻融循环后有所减弱。说明冻融对孔隙比变化的影响与干密度有关,当干密度足够大时,冻融不再影响尾矿砂的孔隙比。

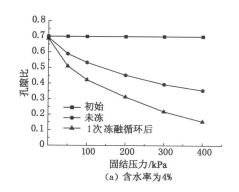
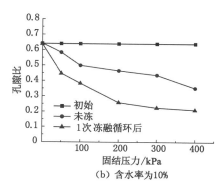

（a）含水率为4%　　　　　　　　　（b）含水率为10%

图 2-4　不同含水率条件下固结压力-孔隙比关系曲线

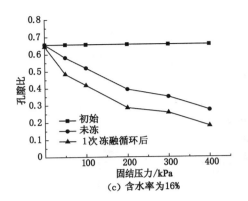

（c）含水率为16%

图 2-4（续）

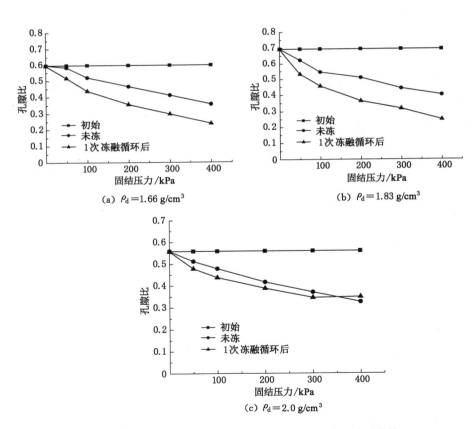

（a）$\rho_d = 1.66 \text{ g/cm}^3$

（b）$\rho_d = 1.83 \text{ g/cm}^3$

（c）$\rho_d = 2.0 \text{ g/cm}^3$

图 2-5　不同干密度时饱和状态下固结压力-孔隙比关系曲线

② 冻融循环作用下尾矿砂压缩模量变化规律。

通过固结试验研究了冻融循环作用对尾矿砂变形特性的影响,并对冻融过程中的含水率和干容重进行了探讨,结果表明:尾矿砂的变形特性与含水率、干容重以及冻融作用有一定的关系。

图 2-6 考虑了含水率和不同固结压力下的未冻尾矿砂和经过 1 次冻融循环后的尾矿砂压缩模量变化特性。由图 2-6 可以得到以下规律:

（1）100 kPa 和 200 kPa 两种固结压力作用下,未冻尾矿砂及冻融后尾矿砂的压缩模量与含水率和干密度的关系曲线形态相似,仅当含水率较小时有差异;随着干密度的增大,尾矿砂试样的压缩模量受含水率的影响不显著。

（2）对于未冻尾矿砂:当含水率小于 15％时,随含水率增大,尾矿砂的压缩模量迅速下降一半以上;当含水率大于 15％时,压缩模量基本保持稳定;1 次冻融循环后,当含水率增大时尾矿砂压缩模量变化显著。当含水率小于 15％时,冻融后尾矿砂的压缩模量大幅降低,甚至可达 80％～90％;当含水率大于 15％时,1 次冻融循环后尾矿砂的压缩模量基本保持不变。

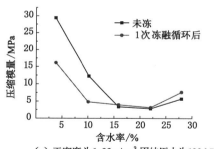

（a）干密度为 1.66 g/cm³,固结压力为 100 kPa

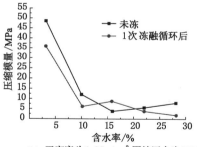

（b）干密度为 1.66 g/cm³,固结压力为 200 kPa

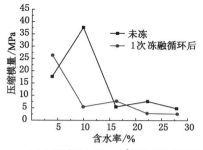

（c）干密度为 1.83 g/cm³,固结压力为 100 kPa

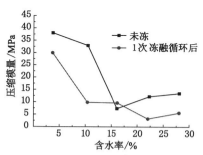

（d）干密度为 1.83 g/cm³,固结压力为 200 kPa

图 2-6　经冻融循环后尾矿砂含水率-压缩模量关系曲线

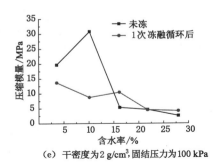

（e）干密度为2 g/cm³，固结压力为100 kPa

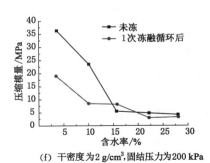

（f）干密度为2 g/cm³，固结压力为200 kPa

图 2-6（续）

由图 2-7 可以看出：随着固结压力的增大，压缩模量略微增大，但是并不明显。未冻尾矿砂压缩模量随着干密度的增大明显增大，而一次冻融循环后的尾矿砂压缩模量的变化随干重度的变化并不明显，其主要原因是在孔隙中的水与冰相变过程中，尾矿砂压缩变形性能受水分变化影响，且变化规律十分复杂。在冰透镜形成过程中，土体的抗压缩能力得到一定的提升，而冻融过程中尾矿砂的结构有很大的变化。在冻融循环过程中，尾矿砂原有结构发生改变，使尾矿砂的压缩变形性能发生变化。

（2）冻融循环作用下尾矿砂渗透试验

① 冻融循环作用下尾矿砂渗透系数变化规律。

尾矿砂渗透试验结果如图 2-8 所示。由图 2-8 可以看出：随着冻融循环次数的增加，尾矿砂的渗透系数增大。首次冻融循环后渗透系数由 6.1×10^{-4} cm/s 增大到 1.02×10^{-3} cm/s，增幅最大。在经历 7 次冻融循环之后，尾矿砂的渗透系数变化较小，原因是冻融循环作用对尾矿颗粒和尾矿结构的改造作用减弱，尾矿颗粒的级配趋于稳定，尾矿孔隙也趋于稳定。

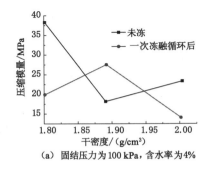

（a）固结压力为100 kPa，含水率为4%

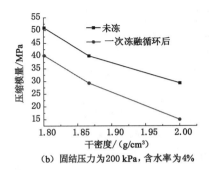

（b）固结压力为200 kPa，含水率为4%

图 2-7 冻融条件下尾矿砂压缩模量-干密度关系曲线

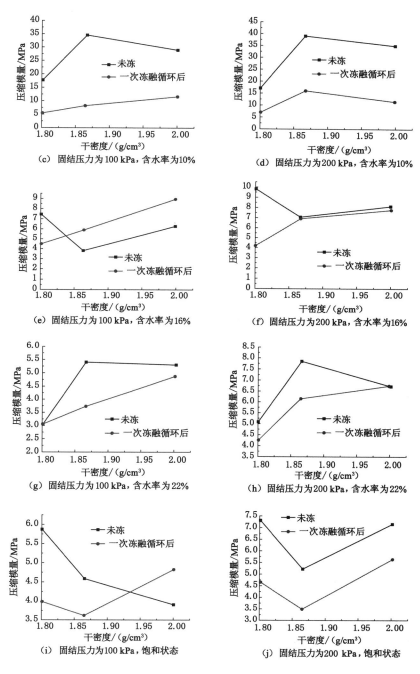

（c）固结压力为 100 kPa，含水率为10% （d）固结压力为 200 kPa，含水率为10%

（e）固结压力为 100 kPa，含水率为16% （f）固结压力为 200 kPa，含水率为16%

（g）固结压力为 100 kPa，含水率为22% （h）固结压力为 200 kPa，含水率为22%

（i）固结压力为 100 kPa，饱和状态 （j）固结压力为 200 kPa，饱和状态

图 2-7（续）

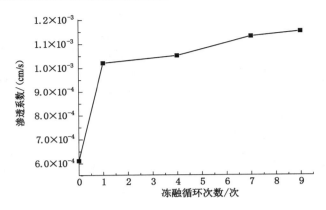

图 2-8　尾矿砂渗透系数-冻融循环次数关系曲线

② 冻融作用下尾矿砂中水分迁移规律。

尾矿砂的冻融过程是一个动态的发展过程,冻融循环会使尾矿砂的性能和状态发生改变,使其转变为一种新的平衡状态。为了了解冻融循环对尾矿砂中水分迁移的影响,测量了冻融前、后试样的高度和含水率,结果见表 2-1。为了有效地防止冻融过程中试件内部的水分变化,用保鲜膜包裹试件,定量分析冻融循环次数对试样高度的影响。

表 2-1　冻融循环后试样高度与含水率的变化情况

冻融循环次数/次	试样高度/cm	含水率/%	冻融循环次数/次	试样高度/cm	含水率/%
0	8.00	16.00	12	8.18	16.03
2	8.11	16.01	14	8.18	16.03
4	8.14	16.02	16	8.19	16.04
6	8.15	16.03	18	8.20	16.02
8	8.16	16.02	20	8.21	16.03
10	8.17	16.04			

为了将试样高度的变化值定量化,引入一个无量纲的参数 H',其值为冻融循环后试样的增加高度 ΔH 与试样初始高度 H_0 的比值,即 $H'=\Delta H/H_0$。试样初始条件:密度为 1.83 g/cm^3,含水率为 16%。

同时,引入无量纲参数 W' 来评价冻融循环对试样含水率的影响,其值为冻融循环后试样含水率的增量 ΔW 与初始含水率 W_0 之比,即 $W'=C_M=C_\rho \cdot C_L^3$。

图 2-9、图 2-10 分别为试样高度和含水率随冻融循环次数的变化曲线。从

图中可以看出:试验刚开始冻结时,试样表面先发生冻结,温度由外到内逐渐降低,冻结过程中在试样的表面和中心形成温差,由于尾矿砂中水逐渐变成冰,使试样中心水分减少,四周水分增加,并伴随着冰晶体析出。同时,水分迁移过程,导致试样外围水量逐渐增加,趋于饱和。当温度下降到0℃以下时,尾矿砂被冻结,试样体积大约增大了9%。

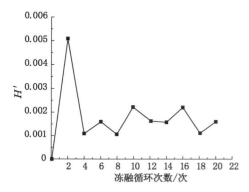

图 2-9　冻融循环次数-试样高度
无量纲参数关系曲线

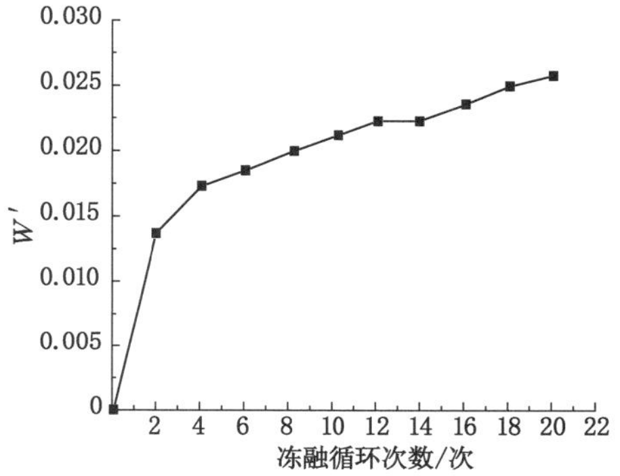

图 2-10　冻融循环次数-含水率
无量纲参数关系曲线

通过控制恒温箱温度来完成融化过程。在开始加热时,试样的外表面先融化,中心温度一直比表面温度低。由于存在温度梯度,试样水分从四周向中心渗透,该过程比冻结过程短一些。冻融循环初期,尾矿的体积变化很大。随着冻融次数的增加,体积变化的梯度不断减小,经过5次冻融循环后,尾矿砂内部结构达到了新的平衡。但经过7次冻融循环后,体积又明显增大,说明尾矿砂经过冻融循环后会出现一个强化阶段。

为了防止试件内部水分流失,在试样的表面包裹一层保鲜膜,使试样与空气隔绝。冻融循环初期,试样内的水分增加,冻融循环4次之后,其含水率保持不变。因为在冻结循环时水分迁移在试样外表面析出冰晶且被保鲜膜密封,水分留在外表面,遇冷产生结晶;而在融化过程中,冰晶融化,水分向内部迁移,导致试样内部的水分增加。经过4次冻融循环之后,试样内的水分有一个新的稳定值,之后试样内部水分就基本在这个稳定值上下波动。

③冻融循环作用下尾矿砂直剪试验。

在温度波动较大的地区,随着尾矿砂的冻融循环,其水分含量对尾矿结构有所影响。为了检测这一影响,设计了5组试验,其含水率各不相同。尾矿砂抗剪强度重要指标中两个最重要的参数为黏聚力和内摩擦角。

不同冻融循环次数影响下,含水率对内摩擦角和黏聚力的影响规律如图 2-11 和图 2-12 所示。由图 2-11 和图 2-12 可知:内摩擦角 φ 和黏聚力 c 都会因含水率增大而减小。含水率相同时,冻融循环次数越多,黏聚力和内摩擦角降低越小,逐步趋于稳定。因为其含水率增大,使尾矿砂颗粒间的表面摩擦减少,造成咬合力和摩擦力降低,从而降低其抗剪能力。含水率从 10% 增大到 16% 的过程中,黏聚力下降很多,特别是在循环 1～9 次时,变化特别大,其中没有冻融和只有 1 次冻融循环的黏聚力下降最多,且含水率越大,下降幅度越大,最多可达 24%～33.8%。

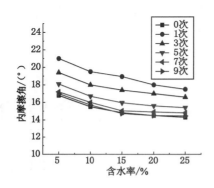

图 2-11　不同含水率时的内摩擦角　　　　图 2-12　不同含水率时的黏聚力

2.1.2　冻融循环作用下尾矿砂三轴试验

尾矿经历不同方式的冻融循环,导致其结构不同,尾矿的强度与其整体性有直接关系,而且尾矿砂在经历了不同冻融循环次数后所生成的冷生构造种类也有差别,部分原因是所选的尾矿砂经历了不同的冻融循环试验方法。

2.1.2.1　冻融循环作用下尾矿砂三轴试验设计

尾矿砂本构具有明显的非线性,应力-应变关系受应力路径、应力历史等的影响十分复杂。为了更好地描述尾矿砂应力-应变关系曲线,使其能用一个统一的方式表达,通过开展三轴试验,主要针对含水率和冻融循环次数研究了尾矿砂变形规律。

（1）试验装置

试验设备采用 FST-200 型冻土三轴试验机(图 2-13),其主要技术指标见表 2-2。冻融循环设备采用 GDH-2005B 型高低温试验箱,其主要技术指标:将温度控制在 -45～45 ℃,温度改变时间小于 1.5 h。

（a） （b）

图 2-13 冻土三轴试验机

表 2-2 冻土三轴试验机主要技术指标

轴向载荷/kN	围压/MPa	反压力/MPa	孔隙水压力/MPa	体积变化量/mL
25	35	0～0.8	0～2	0～50

（2）试样制备

试样制备过程如下：

① 烘干尾矿砂至恒重；

② 计算相应含水率、干密度时所需尾矿砂的质量，并将其磨成粉末状；

③ 量取相应含水率所需水量，将量取的水用喷壶加入粉末中并搅拌均匀；

④ 用定制的圆筒状模具制备合格的尾矿砂试件，如图 2-14 和图 2-15 所示；

⑤ 使用游标卡尺测量试件的尺寸，检验其是否合格；

⑥ 将试件用保鲜膜封装保存待用。

（3）试验方案

试验前应通过 GDH-2005B 型高低温试验箱对尾矿砂试样进行冻融循环，冻融循环温度与现场实际情况相结合，控制在 −45～45 ℃，一个冻融循环的时间为 3 h。

① 在综合考虑前人研究成果的基础上研究了冻融循环次数对尾矿砂力学性能的影响程度，取最大冻融循环次数为 9 次，含水率为 16%（其值由尾矿砂最优含水率计算方法确定）。并采用 FST-200 型动态三轴仪测定了尾矿砂试件的

图 2-14　试件照片

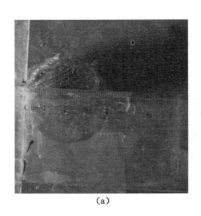

（a）　　　　　　　　　　　　　　　（b）

图 2-15　试件几何尺寸图

三轴试验强度和抗剪参数。

　　② 在研究含水率对尾矿砂力学性质的影响时，考虑到试验的可行性，选用 5 种含水率进行 5 次试验，含水率分别为 4％、10％、16％、22％、28％（饱和）。

2.1.2.2　冻融循环作用下尾矿砂三轴试验结果分析

　　（1）不同围压条件下的应力-应变关系分析

　　将尾矿砂在 50 kPa、100 kPa、200 kPa 和 300 kPa 围压下进行 1 次、3 次、5 次、7 次、9 次冻融循环，其应力-应变关系曲线如图 2-16 所示。总体上，围压越大，尾矿的峰值偏应力就越大。当围压为 50 kPa 和 100 kPa 时，会出现峰后软化特征；而当围压为 200 kPa 时，软化和延性现象向相反趋势发展；当围压达到 300 kPa 时，无峰值，呈现硬化特征，此时峰值偏应力为轴向应力的 15％。

在同一围压条件下,冻融循环次数越多,尾矿砂强度越低,相同应力条件下变化量越小。其中变化最明显的是经过 1 次冻融循环试验的,其次是经过 3 次冻融循环的,当经过 5 次以上冻融循环时,变化已经不是很大了,也就是说,在经过 5 次冻融循环之后,冻融循环次数对试样的应力-应变关系曲线的影响已经不大了。

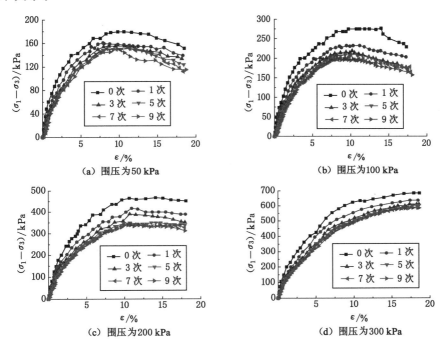

图 2-16　不同围压和冻融循环次数时的偏应力-应变关系曲线

由试验结果可知:尾矿砂在经历冻融作用后,强度及变形模量在不同次数冻融循环后存在不同程度的损伤。对环境冷却温度为 -45 ℃,冻融次数为 0 次、1 次、3 次、5 次、7 次、9 次时的应力-应变关系试验结果进行分析,采用极限偏应力作为归一化因子,建立考虑冻融影响的归一化应力-应变关系,对冻融次数为 1 次、3 次、5 次时的应力-应变关系进行预测,并与试验结果进行对比。

尾矿砂在冻融循环作用下的应力-应变关系不仅与围压有关,还与冻融循环次数有关。定义强度残余比 $R_i = (\sigma_1 - \sigma_3)_{ui}/(\sigma_1 - \sigma_3)_{u0}$,式中 $(\sigma_1 - \sigma_3)_{u0}$ 和 $(\sigma_1 - \sigma_3)_{ui}$ 分别为未冻融和冻融以后尾矿砂的极限偏应力。当以 $(\sigma_1 - \sigma_3)_{ui}$ 作为归一化因子时,可得:

$$\frac{\varepsilon_1}{\sigma_1 - \sigma_3}(\sigma_1 - \sigma_3)_{ui} = a(\sigma_1 - \sigma_3)_{ui} + b(\sigma_1 - \sigma_3)_{ui}\varepsilon_1 \tag{2-1}$$

当初始切线模量 E_i 为 0 时,易知此时极限偏应力 $(\sigma_1 - \sigma_3)_{ui}$ 也为 0。根据不同冻融循环次数和围压时尾矿砂的极限偏应力与初始切线模量的数据,将两者进行线性拟合,拟合直线过原点,如图 2-17 所示,可用式(2-2)表示。对于未冻融尾矿砂,其极限偏应力与围压之间的关系曲线如图 2-18 所示,可用式(2-3)表示。

$$(\sigma_1 - \sigma_3)_{ui} = 0.002\ 6E_i \tag{2-2}$$

$$(\sigma_1 - \sigma_3)_{u0} = 1.536\ 2\sigma_3 + 91.596 \tag{2-3}$$

式中,$(\sigma_1 - \sigma_3)_{ui}$,$E_i$ 分别表示不同冻融循环次数时的极限偏应力和初始切线模量,下标 i 表示冻融循环次数。

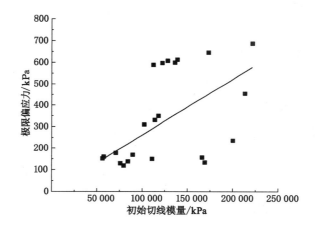

图 2-17　极限偏应力-初始切线模量关系曲线

进一步整理可得其归一化方程:

$$\sigma_1 - \sigma_3 = \frac{(1.532\ 6\sigma_3 + 91.596)R_i}{0.002\ 6 + \varepsilon_1} \cdot \varepsilon_1 \tag{2-4}$$

利用式(2-4)对冻融循环次数为 1 次、5 次、9 次时的尾矿砂的应力-应变关系曲线进行预测,试验结果的对比如图 2-19 所示。

可以看出:对于未冻融和经历冻融循环之后的尾矿砂来说,其应力-应变关系均存在较高的归一化性状。采用极限偏应力 $(\sigma_1 - \sigma_3)_u$ 作为归一化因子时,所得到的归一化程度均较高,且所得到的应力-应变关系的预测值与试验结果较接近。

（2）冻融循环作用下的孔隙水压力变化规律分析

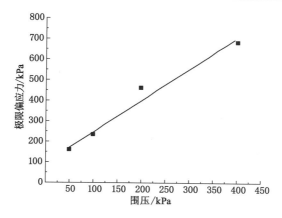

图 2-18　未冻融尾矿砂极限偏应力-围压关系曲线

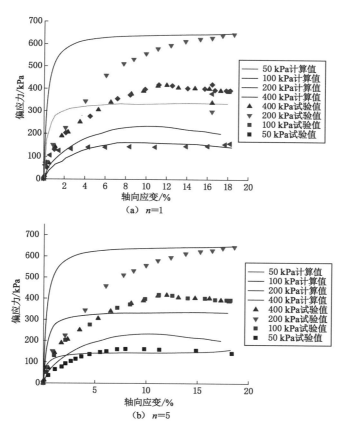

图 2-19　$(\sigma_1 - \sigma_3)_{ui}$ 作为归一化因子的应力-应变关系预测值与试验值对比

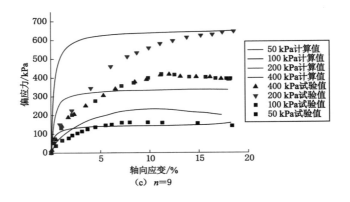

图 2-19（续）

尾矿砂孔隙水压力随着冻融循环温度的变化如图 2-20 所示。由图 2-20 可知：经过两个周期的冻融循环，孔隙水压力随着温度呈周期性变化。从中选取一个周期进行分析，在升温过程中，孔隙水压力随着温度变化先减小后增大；在冷却过程中，孔隙水压力随着温度先增大后减小。这种现象的原因是：在冷却过程中，当温度比冰点高时，冰持续融化，孔隙中含水率增大，孔隙水压力也因此增大，而当温度比冰点低时，水开始冻结，水的毛细作用和吸附作用也就减弱了，孔隙水压力也因此减小了。冰水临界面的曲率半径是控制毛细作用的主要因素，曲率半径与毛细作用和孔隙水压力的变化趋势一致。而水膜的厚度主要控制吸附作用，水膜的厚度与吸附作用和孔隙水压力的变化趋势一致。温度越低，水膜的厚度就越小，吸附作用越弱和孔隙水压力越小。综上所述，在升温过程中孔隙水压力先减小后增大；在冷却过程中，孔隙水压力先增大后减小。

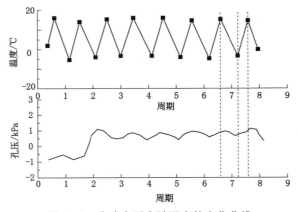

图 2-20　孔隙水压力随温度的变化曲线

2.2 冻融循环作用下尾矿砂细观特性

尾矿砂的变形主要是微细观结构变形的演变累积所引起的。因此,研究尾矿砂冻融循环细观特性变化规律,对于研究冻融循环作用下尾矿砂的变形规律有着重要意义。

2.2.1 冻融循环作用下尾矿砂细观形态试验设计

（1）试验装置

试验采用的测量仪器为 VHX-2000 超景深三维显微镜,如图 2-21 所示。

图 2-21 VHX-2000 超景深三维显微镜

（2）试样制备

首先按设计比例称量尾矿砂,然后按照含水率[6%、16%、22%、28%（饱和状态）]加水,搅拌均匀后将试样填入 $\phi61.8$ mm×20 mm 的环刀,间隔一定距离放入高低温试验箱,在封闭系统（无补水）情况下开始尾矿砂的冻融循环试验,一个冻融循环周期为 12 h,其中冰冻和融化的持续时间均为 6 h。循环温度与现场实际情况相结合,控制在 $-45\sim45$ ℃。

（3）试验方案

选取未经冻融循环尾矿砂试样和经过不同冻融循环次数的试样进行显细观测,从细观角度分析冻融循环作用对尾矿砂的影响机制。综合考虑前人已有研究成果,尾矿砂试样含水率分别为 6%、16%、22% 和 28%（饱和状态）。测试未经冻融循环尾矿砂试样的抗剪强度作为参照,又根据试验方案在此基础上进行 9 次冻融循环,每完成 1 次冻融循环后立即进行尾矿砂试样的直剪试验,以考察冻融循环作用对其力学特性的影响。

2.2.2　冻融循环作用下尾矿砂细观形态试验分析

2.2.2.1　冻融循环作用下尾矿砂细观形态分析

选取经过不同冻融循环次数的含水率为 16% 的尾矿砂试样放大 20 倍的显微照片进行分析,如图 2-22 所示。由图 2-22(a)可以看出:未经冻融循环的尾矿砂整体性好,砂粒棱角锋利,尾矿砂颗粒之间黏结紧密、规整,孔隙微小、均匀,无明显大孔隙。图 2-22(c)中,经过 3 次冻融循环后的尾矿砂试样棱角锋利程度降低,在结构上较未经冻融的尾矿砂疏松一些,但整体均一性较好。图 2-22(d)中,经过 5 次冻融循环后的尾矿砂,结构疏松,开始出现明显大孔隙。图 2-22(f)中,经过 11 次冻融循环后的尾矿砂,较经过 9 次冻融循环的试样出现了多个更大的孔隙,尾矿砂粒的棱角趋于平滑。

随着冻融循环次数的增加,尾矿砂粒棱角锋利程度逐渐降低,在经历十次冻融循环后,尾矿砂粒最初尖锐的棱角逐渐变得圆润,最后趋于平滑,其原因是:当试样在冻结-融化温度周期变化时,试样中的水分一直处于固态和液态的转变过程中。孔隙内的水分冻结膨胀,其膨胀力会对尾矿砂颗粒起到挤压作用,尾矿砂粒棱角锋利程度逐渐降低,且棱角逐渐由尖锐变得圆润,同时这种膨胀力会使各颗粒群之间及颗粒群与矿物之间的胶结作用瓦解,颗粒群之间孔隙越来越大,产生的变形不可恢复,试样的结构性被破坏,孔隙普遍变大,试样内部变得更疏松,宏观力学强度下降,主要是抗剪强度。可分析出冻融作用会改变尾矿砂的细观结构,且在反复冻融循环过程中,冻胀作用对试样孔隙结构的破坏是其抗剪强度大幅降低的原因。

尾矿颗粒处于松散状态时,孔隙清晰可见,无序排列且大孔隙较多。随着位移的增大,颗粒间作用力急剧增大,颗粒接触紧密,原始的松散状态逐渐变为压实状态,孔隙压缩,孔隙面积和尺寸明显减小;小颗粒尾矿砂被挤压进入大颗粒的孔隙中,颗粒的方向和位置改变,挤入大孔隙中的小颗粒与周围的大颗粒间接触不是十分紧密;大颗粒与融入大孔隙中的小颗粒接触逐渐紧密,形成更稳定的结构,颗粒间的作用力不断增大。

2.2.2.2　冻融循环作用下尾矿砂粒径分析

利用 Image J 图像处理和分析软件,对尾矿砂显微照片中的颗粒数量、面积等基本信息进行了统计,其中数量频率定义如下:

$$f(D) = \frac{n}{N} \times 100\%　　　　　　　　　　(2\text{-}5)$$

式中　$f(D)$——数量频率;

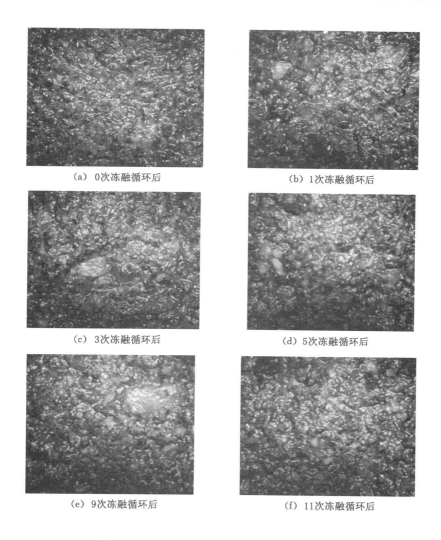

（a）0次冻融循环后　　　　　　　　（b）1次冻融循环后

（c）3次冻融循环后　　　　　　　　（d）5次冻融循环后

（e）9次冻融循环后　　　　　　　　（f）11次冻融循环后

图 2-22　不同冻融循环次数后的尾矿砂显微照片

n——某一粒径范围内的颗粒个数；

N——样品中的颗粒总数。

图 2-23 为冻融循环前、后尾矿砂数量频率分布直方图,图中的等面积圆当量径定义如下：

$$d_H = 2\sqrt{\frac{A}{\pi}} \tag{2-6}$$

式中 d_H——等面积圆当量径；

    A——颗粒面积。

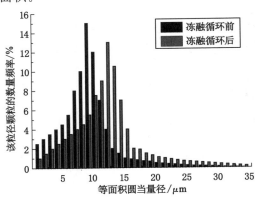

图 2-23 典型的颗粒粒径的数量频率分布

    由图 2-23 可以看出：冻融循环前、后尾矿砂粒径的最大值点分别位于 8～10 μm 和 11～13 μm，该范围内相应的数量频率分别为 37％和 33％；分布形状均为前陡后缓，且峰值点过后，粒径越大，颗粒数量越小。冻融循环后较冻融循环前的图像整体右移，这与冻融循环作用后尾矿砂颗粒的粒径整体呈现增大的趋势一致。

    面积频率的定义如下：

$$f'(D) = \frac{A_H}{A} \times 100\%$$

    (2-7)

式中 $f'(D)$——面积频率；

    A_H——某一粒径大小范围内的颗粒面积之和；

    A——样品中的颗粒总面积。

    图 2-24 为冻融循环前、后尾矿砂的典型面积频率分布直方图。可以看出：冻融循环前的颗粒区域粒径分布不连续，整体趋于"W"形分布，在 80 μm 和 140 μm 处面积频率最小；冻融循环后的颗粒区域粒径分布连续性较好，整体上趋于"V"形分布，在 150 μm 处面积频率最小，且粒径大于 150 μm 的部分所占面积比例高。冻融循环后的等面积圆当量径可以达到 250 μm，较冻融循环前的 220 μm 显著提高，且粒径大于 200 μm 的部分面积频率较冻融循环前的大，这是冻融循环作用下尾矿砂粒径增大，颗粒棱角趋于圆润的结果。

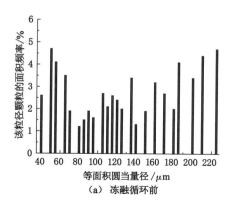

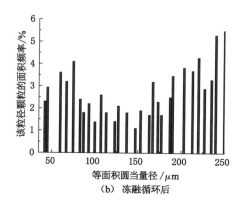

图 2-24 典型的颗粒粒径的面积频率分布

2.3 冻融循环作用下尾矿砂宏观力学特性的细观机制研究

散体的宏观变形和力学特性,不是单个颗粒对外部荷载的反应,而是颗粒在空间整体排列对外部荷载的响应。散体颗粒的细观结构变化导致其宏观力学特性发生变化,宏观受力状态的变化又引起细观结构改变。因此,探讨尾矿砂细观结构的变形机制对于分析力学特性显得尤其重要。

冻融循环过程中,尾矿砂颗粒不断调整自身空间位置,细观结构随之改变,因此,尾矿砂颗粒在空间内的平移和旋转直接决定了尾矿砂的变形特征,是表征尾矿砂细观结构的基本指标。

在密实的尾矿砂中,尾矿砂颗粒在承载过程中发生明显的旋转。其中,颗粒通过旋转耗散能量,即外部荷载所做的功;并在一定程度上改变尾矿砂细观结构,使其向更适宜承载的趋势发展。不同于颗粒平移具有较强整体性,尾矿砂试件不同部分的颗粒旋转有较大差别,通常会出现变形局部化现象。

3 冻融循环作用下尾矿坝变形规律试验研究

为研究冻融循环作用下尾矿坝变形规律,揭示冻融循环作用下尾矿坝变形机理,开展相同类型尾矿坝在不同冻结时间及不同类型尾矿坝在相同冻结时间条件下的尾矿坝变形规律模型试验。采用自主研发的冻融循环专用系统,通过动态数据采集系统采集相关数据,借助激光位移传感器、土压力传感器、土样水分传感器,获取冻融循环过程中尾矿坝关键位置应力、变形、未冻含水量、孔隙水压力实时动态变化规律,通过开展尾矿坝关键位置尾矿砂冻融循环后力学参数试验,得到尾矿坝内尾矿砂关键参数变化规律,综合尾矿坝冻融循环规律及关键位置尾矿砂物理性质和力学性质参数变化规律,系统分析冻融循环作用下尾矿坝变形机理。

3.1 尾矿坝冻融循环模型试验

3.1.1 相似模型定律

考虑到模型试验的可行性和可操作性,选取尾矿坝初期坝、一级子坝、二级子坝作为模型试验研究对象,用相似模拟试验理论确定模型试验的几何参数、运动参数和动力参数。

(1)几何相似

根据试验条件并结合实际情况,选择试验模型的相似长度比尺为 1∶250。

$$\alpha_L = \frac{L_H}{L_M} = 250 \tag{3-1}$$

式中 α_L——相似长度比尺;

L_M, L_H——模型和原型的长度,m。

(2)物理相似

要求模型与原型的对应点的运动情况相似,即要求各对应点的速度、运动时间、加速度等都成比例。

$$\alpha_t = \frac{t_H}{t_M} = \sqrt{\alpha_L} = 15.8 \tag{3-2}$$

式中　α_t——时间比；

　　　t_M, t_H——模型和原型的运动时间。

（3）动力相似

在考虑重力的情况下，要求重力相似。在几何相似的前提下对重力相似的要求还有 γ_H 和 γ_M 的比尺 α_γ 为常数，即

$$\alpha_\gamma = \frac{\gamma_H}{\gamma_M} \tag{3-3}$$

$$\alpha_\sigma = \frac{\sigma_H}{\sigma_M} = \frac{\gamma_H}{\gamma_M} \cdot \alpha_L \tag{3-4}$$

式中　γ_M, γ_H——模型和原型的视密度，g/m^3；

　　　α_γ——视密度比尺；

　　　σ_H, σ_M——原型和模型的单轴抗压强度，MPa；

　　　α_σ——抗压强度比尺。

设 P_H、V_H、P_M、V_M 分别表示原型和模型对应部分的重力和体积，则有：

$$P_H = \gamma_H \cdot V_H \tag{3-5}$$

$$P_M = \gamma_M \cdot V_M \tag{3-6}$$

则：

$$\frac{P_H}{P_M} = \frac{\gamma_H}{\gamma_M} \cdot \alpha_L^3 \tag{3-7}$$

若模型配比满足式（3-3）至式（3-7），则其满足动力相似条件。

由式（3-7）可得到模型上相应的参数量：

$$L_M = \frac{1}{250} L_H \tag{3-8}$$

$$\sigma_M = \frac{\gamma_M}{\gamma_H \cdot \alpha_L} \sigma_H = 0.002\sigma_H \tag{3-9}$$

（4）边界相似

考虑到尾矿坝现场实际情况，模型的边界条件设置为：左、右界面全约束，上表面自由面，后表面水平方向约束，前表面自由面。

3.1.2　尾矿坝冻融循环模型试验方案设计

为探究冻融循环作用对尾矿坝变形、内力的影响规律和冻融循环作用下尾矿坝变形、内力演化机理，以及库区内尾矿砂力学参数劣化规律和温度响应机制，开展不同冻结温度、坝坡比、浸润线高度条件下尾矿坝冻融循环模型试验。

（1）试验方案设计

综合已有研究成果、现场实际情况和试验的可行性，确定冻融循环次数为 8

次,冻结温度分别为−5 ℃、−25 ℃、−45 ℃,坝坡比分别为1∶2、1∶3、1∶4,浸润线高度分别与初期坝坝顶和一级子坝中部高度相同。选取尾矿坝初期坝顶部、中部,一级子坝顶部、中部,二级子坝顶部、中部,及相应子坝对应的库区中部作为变形、应力监测关键部位。选取初期坝对应库区左半部、中部、右半部,一级子坝中部及对应库区中部,二级子坝中部及对应库区中部尾矿砂作为尾矿砂物理性质和力学性质指标劣化规律研究的关键部位。

考虑试验的可行性,在冻融循环过程中全程监测尾矿坝关键部位的变形、应力变化,选取每个冻融循环结束后的值作为特征值,尾矿坝关键位置处尾矿砂物理指标只选取8次冻融循环后的值作为特征值。

此外需要说明的是:上述特征值的选择对于本研究无不利之处。为保证试验结果的准确性,在进行尾矿砂物理指标劣化规律研究时,所有试验均参照《土工试验规程》(SL 237—1999)进行。

(2) 尾矿坝冻融循环相似模拟试验设备

试验时,采用拥有自主知识产权的一种基于冻融循环作用的尾矿坝模型试验箱,该设备具有如下优点:

① 良好的密封性,保证试验空间的独立性;

② 准确的温度模拟,保证试验过程中与现实工况中环境温度变化的一致性;

③ 保证试验过程中模型坝体顶面为温度的主要作用面;

④ 保证模型坝体在安放的同时减小扰动;

⑤ 实现在低温状态下对模型坝体内部应力和各级子坝位移变形的监测。

使用激光位移传感器实时监测冻融循环过程中尾矿坝关键位置变形数据,使用新型孔隙水压力传感器监测冻融循环过程中尾矿坝关键位置处孔隙水压力实时值,使用土样水分传感器实时监测冻融循环过程中尾矿坝关键位置尾矿砂未冻结含水量变化规律,使用温度传感器监测冻融循环过程中尾矿坝关键位置温度变化规律,采用动态数据采集仪实时获取各类数据信息。试验中使用的各类传感器和数据采集装置如图 3-1 至图 3-6 所示。

图 3-1 为动态数据采集仪。该设备为靖江泰斯特电子有限公司生产的TST5912 动态信号测试分析系统,其主要参数为:所有通道并行同步工作,64 通道同时连续采样时每个通道最高采样频率为 100 kHz,德国进口 ODU 接插件。失真度不大于 0.5%,系统准确度小于 0.5% F.S.,系统稳定度小于 0.5% F.S.,最大分析频宽 DC～50 kHz。

图 3-2 为试验所用的温度传感器。该仪器为丹东三达测试仪器厂生产的GYH-2 型温度传感器,其主要参数为:线圈激励阻值为 30 Ω、感应阻值为 30 Ω;

分辨率≤0.2％F.S.(0～0.2 MPa);不重复率<0.5％F.S.;回差<0.5％F.S.;综合误差<1％F.S.;工作温度为－30～70 ℃;密封性能:长期工作无渗漏。

图 3-1　动态数据采集仪

图 3-2　温度传感器

图 3-3 为试验所用的激光位移传感器。该仪器为北京飞拓信达激光技术有限公司生产的 ft50220 型激光位移传感器。其主要参数为:检测距离为 80～300 mm;分辨率<0.1％ MBE;精度为 0.08～0.3 mm;测量频率为 2.5 kHz;工作温度范围为－25～＋60 ℃。

图 3-4 为试验所用的土压力传感器。该土压力传感器为丹东市电子仪器厂生产的 BX-1 型土压力传感器,具有灵敏度高、体积小、结构简单的优点,适用于坝体等结构工程的动静态测试。其主要技术参数为:测量规格为 0～0.1 MPa;输出微应变为 0～600F.S.;超载能力为 20％;非线性为 1.5％F.S.;滞后性为 2.8％F.S.;不重复性为 1％F.S.;灵敏系数为 2.0;接桥方式为全桥方式;外形尺寸为 $\phi17$ mm×7 mm。

图 3-3　激光位移传感器

图 3-4　土压力传感器

图 3-5 为孔隙水压力传感器。本书孔隙水压力探头设计与常规融土的孔隙水压力探头结构类似。探头包括 3 个部分:陶土头、酒精媒介和压力传感器。孔隙水

压力探头应用纯水作为压力传导的介质。但是在负温环境下往往不能获得冻土土样的孔隙水压力值,为此改用酒精(浓度为 99.7%)作为压力传导介质。此外,陶土头允许水分穿过,但不允许酒精穿过,既保证了压力的传导机制,又避免了酒精进入土样干扰真实的水分场和应力场。试验过程中的孔隙水压力由压力传感器获得,并被数据采集仪自动采集记录。压力传感器购买自南京宏沐科技有限公司,型号为 HM22-3-V0-F0-W2,其量程为 $-50\sim50$ kPa,精度为 $\pm0.1\%$F.S.。

图 3-6 为水分传感器。试验所使用的水分传感器为美国 Decagon 公司生产的 5TM 水分传感器。5TM 水分传感器有 3 根等长的探针,探针长度为5.2 cm,其测量的体积含水率范围为 $0\%\sim100\%$,具有测量精度高($\pm1\%$)、测量时间短(1.5 s)、测量温度范围广($-40\sim60$ ℃)的特点。振荡频率为 70 MHz,输入的直流电压为 $3.6\sim15$ V,输出的介电常数信号为 $1\sim80$。5TM 水分传感器测量不受盐度或酸度等物理环境的影响。因此,该传感器在含水率测量中具有重要意义。5TM 水分传感器所使用的未冻水含量的测试原理为频域反射法(FDR),通过测量传感器在土体中因土体电场变化而引起介电常数 ε 的改变来测量土体的未冻水含量。

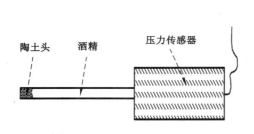

图 3-5　孔隙水压力传感器

图 3-6　水分传感器

(3) 冻融循环监测点的布置

土压力传感器布置如图 3-7 所示。在一级子坝、二级子坝内部分别布置一个土压力传感器,编号分别为 4 和 6,在 4、6 号传感器同等高度处布置土压力传感器 5 和 7,在模型箱下部尾矿砂堆积处等距离布置 1、2、3 号传感器。

共布置 2 个激光测距传感器,分别对准一级子坝、二级子坝中部,用于监测各级子坝水平方向的变形位移情况。

将孔隙水压力传感器、土样水分传感器合理设置在土压力传感器附近,分布方式与土压力传感器分布方式相同。

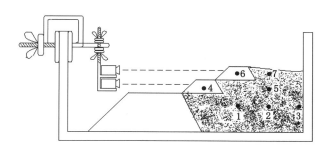

图 3-7 监测点布置示意图

3.1.3 尾矿坝相似模型建立

3.1.3.1 试验准备

放矿管选用外径 32 mm、壁厚 2 mm 的高密度聚乙烯(HDPE)管。尾矿砂浆采用搅拌机搅拌均匀,使其能够顺利通过放矿管。其中,搅拌机按试验方案控制尾矿流速和浓度。

3.1.3.2 模型制作

尾矿坝模型堆筑过程如图 3-8 所示,具体步骤如下:

① 将自制的放矿管架设在尾矿坝模型的初期坝上,调整管道倾角,使尾矿砂能够通过放矿管顺利流入坝体模型。

② 待尾矿砂铺满模型箱底部,按试验方案埋设第一层土压力传感器(编号分别为 1、2、3),埋设完成后用尾矿砂将传感器上部铺平,以保证试验后期传感器能够正常工作。

③ 待模型箱内堆积尾矿砂高度增加之后,按照设计资料堆筑一级子坝,同时在一级子坝内部埋设 4 号土压力传感器。

④ 将放矿管架高至一级子坝,继续向模型箱内注入尾矿砂,待模型箱内堆积的尾矿砂堆积至一定高度时,埋设 5 号土压力传感器。

⑤ 重复步骤③和④,逐渐向模型箱内排放尾矿砂,逐级堆积子坝,模拟现场尾矿坝堆积过程。

⑥ 将土压力传感器、激光测距传感器连接至动态数据采集仪,实时监测试验数据。

⑦ 试验过程中需要不断地流入模型箱后方的水清除,同时还应该定时检查放矿管是否堵塞,以保证尾矿砂能够顺利流入。

⑧ 当坝体模型堆积完成后,将模型箱放入主箱体内,进行冻融循环试验。

（a）初期堆坝阶段　　　　　　　　　　　（b）一级子坝堆筑过程

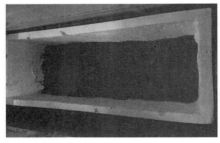

（c）一级子坝堆筑完成后库区全貌　　　　　（d）二级子坝堆筑过程

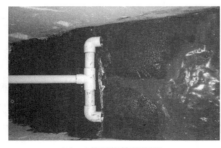

（e）二级子坝堆筑近景　　　　　　　（f）各级子坝堆筑完成后库区全貌

图 3-8　尾矿坝模型堆筑过程

3.2　冻融循环坝体变形演化规律

3.2.1　监测点应力值分析

　　表 3-1 至表 3-7 为不同冻结温度时受冻融次数影响的初期坝、一级子坝、二级子坝应力监测结果。图 3-9 描述了不同冻结温度时受冻融次数影响的初期

坝、一级子坝、二级子坝应力的变化曲线。

表 3-1　1# 监测点应力　　　　　　　　　　单位:kPa

冻融循环次数/次	冻结温度/℃		
	−5	−25	−45
0	1.02	1.15	1.17
1	2.03	3.03	3.53
2	4.11	5.11	5.71
3	8.32	9.32	9.62
4	10.32	12.32	13.32
5	11.96	14.96	13.96
6	12.71	14.71	15.71
7	13.55	14.55	14.75
8	13.18	14.18	14.38

表 3-2　2# 监测点应力　　　　　　　　　　单位:kPa

冻融循环次数/次	冻结温度/℃		
	−5	−25	−45
0	1.30	1.40	1.35
1	2.85	3.45	4.03
2	4.21	5.96	6.21
3	6.21	8.99	9.36
4	8.42	11.35	12.12
5	11.4	13.32	14.56
6	13.35	14.26	14.71
7	13.33	14.20	15.45
8	13.30	13.17	15.18

表 3-3　3# 监测点应力　　　　　　　　　　单位:kPa

冻融循环次数/次	冻结温度/℃		
	−5	−25	−45
0	1.20	1.20	1.21
1	4.73	5.25	6.46

表 3-3(续)

冻融循环次数/次	冻结温度/℃		
	−5	−25	−45
2	7.89	8.51	7.93
3	11.54	10.26	10.99
4	12.89	13.72	14.35
5	15.24	16.44	18.32
6	16.79	17.65	18.26
7	16.85	17.23	17.20
8	16.78	16.35	17.17

表 3-4   4#监测点应力　　　　　　　　　　　　单位:kPa

冻融循环次数/次	冻结温度/℃		
	−5	−25	−45
0	1.02	1.07	1.12
1	2.13	3.42	5.71
2	4.84	6.54	8.87
3	10.36	12.48	14.54
4	12.91	16.48	17.14
5	15.08	20.44	19.42
6	16.03	20.94	22.07
7	17.15	19.97	20.68
8	16.34	19.42	20.11

表 3-5   5#监测点应力　　　　　　　　　　　　单位:kPa

冻融循环次数/次	冻结温度/℃		
	−5	−25	−45
0	1.32	1.42	1.4
1	4.15	5.41	6.01
2	6.84	7.24	8.07
3	12.34	13.42	14.12
4	14.95	16.49	18.17
5	17.09	20.44	22.82
6	18.45	20.22	22.01
7	18.15	19.93	22.18
8	18.34	19.45	22.11

表 3-6 6# 监测点应力　　　　　　　　　单位:kPa

冻融循环次数/次	冻结温度/℃		
	−5	−25	−45
0	0.92	0.97	1.02
1	4.13	4.42	5.71
2	8.84	8.54	9.87
3	12.36	13.48	15.51
4	15.91	17.48	18.15
5	17.08	19.44	21.42
6	18.03	21.24	22.57
7	17.75	20.97	21.68
8	16.84	20.42	20.69

表 3-7 7# 监测点应力　　　　　　　　　单位:kPa

冻融循环次数/次	冻结温度/℃		
	−5	−25	−45
0	0.78	0.82	0.77
1	2.54	3.26	4.44
2	5.14	6.23	7.40
3	10.40	11.89	12.77
4	12.90	15.70	17.29
5	14.95	19.47	20.40
6	15.89	19.94	22.00
7	16.94	19.02	20.65
8	16.48	18.50	19.70

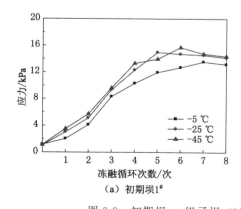

（a）初期坝1#

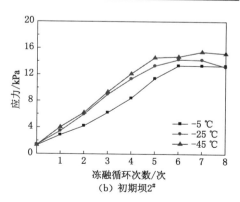

（b）初期坝2#

图 3-9 初期坝、一级子坝、二级子坝附近库区应力变化曲线

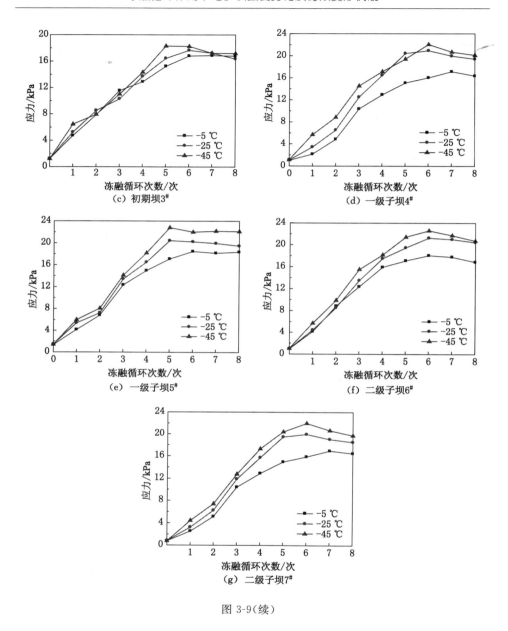

图 3-9（续）

由图 3-9 可以看出：在冻融循环前期，各监测点应力监测值均呈增长趋势，之后随着冻融循环次数增加，各监测点应力开始趋于稳定。其中，2# 监测点应力出现峰值，说明该位置处的变形较大，与变形监测结果吻合。另外，冻结温度越低，坝体内的应力越大，应力峰值出现的时间越早，这是冻结温度和冻融循环次数耦合作用的结果。此外,在冻融循环前期,各位置应力增长速度明显高于冻融循环其他阶段,这是因为冻融循环前期尾矿坝内的温度梯度大,冻融循环作用明显,应力增长速率大。通过上述分析得知:在解决冻融循环作用下尾矿坝失稳或承载能力降低的实际工程问题时,要重点关注冻融循环前期的作用,即在冻融循环开始前就做好对策。可采取的措施包括:隔断或降低热量传递、减小温度梯度、降低冰水转化速度等。

3.2.2　监测点孔隙水压力值分析

表 3-8 至表 3-14 为不同冻结温度时受冻融循环次数影响的坝体及库区孔隙水压力监测结果。图 3-10 为不同冻结温度时受冻融循环次数影响的坝体及库区孔隙水压力变化曲线。

表 3-8　1# 监测点孔隙水压力　　　　　　　　　　单位:kPa

冻融循环次数/次	冻结温度/℃		
	−5	−25	−45
0	5.00	5.05	5.10
1	4.85	4.75	4.62
2	4.76	4.62	4.52
3	4.50	4.34	4.10
4	4.32	4.20	4.00
5	4.40	4.10	3.95
6	4.60	4.20	4.00
7	4.52	4.30	4.25
8	4.31	4.21	4.10

表 3-9　2# 监测点孔隙水压力　　　　　　　　　　单位:kPa

冻融循环次数/次	冻结温度/℃		
	−5	−25	−45
0	4.90	5.01	4.90
1	4.52	4.65	4.65
2	4.50	4.41	4.46
3	4.15	4.01	4.05
4	4.10	4.00	4.02

表 3-9(续)

冻融循环次数/次	冻结温度/℃		
	−5	−25	−45
5	4.15	4.00	4.00
6	4.20	3.95	4.10
7	4.20	4.13	4.02
8	3.90	3.65	3.51

表 3-10　3[#] 监测点孔隙水压力　　　　　单位:kPa

表 3-10　3# 监测点孔隙水压力　　　　　单位:kPa

冻融循环次数/次	冻结温度/℃		
	−5	−25	−45
0	4.85	4.87	5.01
1	4.55	4.45	4.35
2	4.35	4.21	4.21
3	4.15	4.01	4.01
4	4.22	4.02	4.01
5	4.11	4.01	4.05
6	3.95	3.75	3.54
7	3.95	3.62	3.55
8	3.87	3.61	3.56

表 3-11　4# 监测点孔隙水压力　　　　　单位:kPa

冻融循环次数/次	冻结温度/℃		
	−5	−25	−45
0	4.55	4.57	4.54
1	4.25	4.15	4.05
2	4.15	4.01	3.91
3	4.15	4.01	3.81
4	4.12	3.92	3.81
5	4.01	3.81	3.75
6	3.75	3.55	3.44
7	3.65	3.42	3.45
8	3.67	3.41	3.36

表 3-12　5# 监测点孔隙水压力　　　　　　　单位:kPa

冻融循环次数/次	冻结温度/℃		
	−5	−25	−45
0	4.34	4.21	4.25
1	4.15	4.11	4.02
2	4.01	3.81	3.75
3	3.81	3.71	3.65
4	3.71	3.65	3.61
5	3.55	3.61	3.52
6	3.54	3.52	3.51
7	3.55	3.52	3.46
8	3.56	3.51	3.42

表 3-13　6# 监测点孔隙水压力　　　　　　　单位:kPa

冻融循环次数/次	冻结温度/℃		
	−5	−25	−45
0	4.24	4.20	4.2
1	4.05	3.91	3.85
2	4.01	3.81	3.65
3	3.71	3.61	3.63
4	3.61	3.6	3.52
5	3.55	3.51	3.42
6	3.44	3.42	3.31
7	3.45	3.42	3.26
8	3.46	3.31	3.22

表 3-14　7# 监测点孔隙水压力　　　　　　　单位:kPa

冻融循环次数/次	冻结温度/℃		
	−5	−25	−45
0	4.24	4.11	4.11
1	4.05	3.81	3.75
2	4.01	3.71	3.55
3	3.71	3.65	3.53

表 3-14(续)

冻融循环次数/次	冻结温度/℃		
	−5	−25	−45
4	3.61	3.51	3.5
5	3.55	3.41	3.32
6	3.44	3.32	3.25
7	3.45	3.32	3.24
8	3.46	3.29	3.23

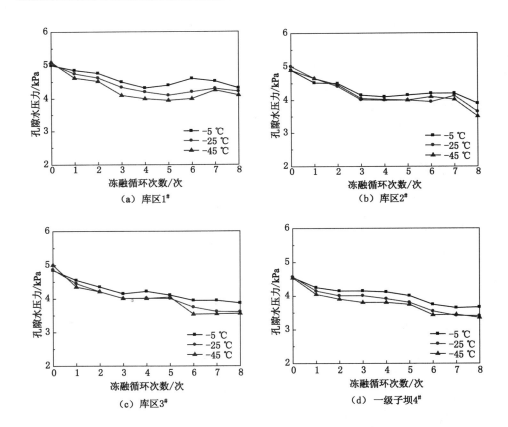

图 3-10　冻融循环监测点孔隙压力变化曲线

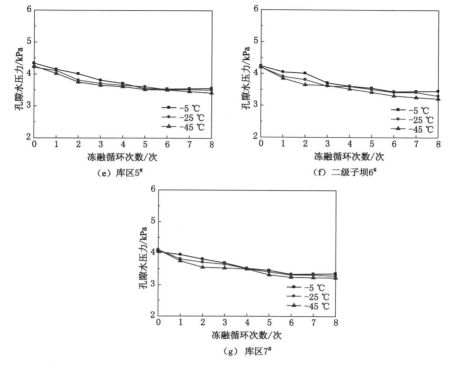

图 3-10(续)

由图 3-10 可以看出:随着冻融循环次数的增加,孔隙水压力先降低后趋于稳定,在冻融循环前期降低幅度较大。同时,冻结温度越低,孔隙水压力越小,孔隙水压力衰减速度越快。孔隙水压力随着冻融循环的温度变化也呈周期性变化。温度对尾矿砂中冰水相变的影响导致对孔隙水压力产生影响。降温时,温度比冻结点高时,温度变化对孔隙水压力几乎无影响,砂土中没有发生冰水相变;而温度比冻结点低时,水逐渐冻结。由于随温度降低,孔隙水的毛细作用和吸附作用都有一定的减弱,导致孔隙水压力下降。毛细势大小主要与冰水界面的曲率半径有关。冰水界面曲率半径、毛细势和孔隙水压力,三者的大小成正相关关系。随着温度的降低,大孔隙中的水先冻结,小孔隙中的水后冻结,所以冰水界面的曲率半径逐渐减小,导致毛细势也逐渐减小,进而造成孔隙水压力也随着逐渐减小。未冻水膜厚度决定了吸附势的大小,未冻水膜越薄,吸附势就越小,孔隙水压力也就越小。随着温度降低,未冻水膜厚度逐渐减小,所以吸附势逐渐减小,孔隙水压力也随着逐渐减小。

此外,孔隙水压力的大小与深度也有一定关系。深处的孔隙水压力变化幅度一般较大，而且周期性更强，其规律性也更强。在冻融循环过程中，不同深度的孔隙水冻融循环和冻结速率会影响孔隙水压力。冻结速率越小越有利于孔隙水压力持续发挥作用。在单向冻结过程中，较浅处的尾矿砂温度梯度较大，其温度变化也很快，因此尾矿砂的冻结速率比较快。而较深处的尾矿砂，温度梯度较小，温度变化速率比较低，因此尾矿砂的冻结速率比较小。尾矿砂越深，孔隙水压力变化幅度就越大。冻融循环还能使尾矿砂结构发生改变，使孔隙水压力受到一定的影响。较浅处的尾矿砂冻结速率较大，冻融循环对其影响程度更大，尾矿砂结构的改变也更加严重，此处的孔隙水压力变化比较杂乱，规律性也不明显。而较深处的尾矿砂冻结速率小，冻融循环对其影响程度也不大，尾矿砂结构几乎保持不变，此处的孔隙水压力的变化规律比较明显。

3.2.3 监测点冻融结构势分析

冻融循环作用下尾矿坝变形和内力变化与坝体内尾矿砂的结构性变化有密切关系，很大程度上冻融循环对尾矿砂结构性的影响决定了尾矿坝的变形和内力变化，因此将尾矿砂冻融循环结构势引入尾矿坝结构性变化预测中是一种很好的方法。

（1）综合结构势

对综合结构势的研究，要考虑多种不同尾矿砂，如原状尾矿砂、饱和原状尾矿砂和冻融循环后尾矿砂。以不同尾矿砂的压缩试验为基础，利用饱和尾矿砂与原状尾矿砂在一定压力下的压缩量之比 S_s/S_r 描述是否容易发生结构损伤，将原状尾矿砂的压缩量与冻融循环后尾矿砂的压缩量之比 S_0/S_r 来描述结构性破坏所引起的变形大小，也就是综合结构势：

$$m_p = \frac{m_1}{m_2} = \frac{S_s/S_0}{S_s/S_r} = \frac{S_s \cdot S_r}{S_0^2} \tag{3-10}$$

利用扰动、浸水和加荷这 3 种因素充分表现其综合结构势，从而可知尾矿坝结构性是否容易损坏。S_0/S_r 体现了尾矿坝内颗粒的排列方式及颗粒之间的胶结作用是否容易被外力破坏；S_s/S_0 体现了浸水条件下尾矿坝内颗粒的排列方式以及颗粒之间的胶结作用稳定程度。

（2）冻融结构势

尾矿砂在一定压力作用下的变形和强度会影响颗粒的结构排列和黏结。但综合结构势并没有考虑到温度，所以冻融循环对尾矿坝的结构性作用没有办法表现出来。在考虑尾矿砂结构性影响的前提下，根据经不同冻融循环次数试样的压缩曲线，提出冻融结构势，它作为一种定量参数，能够反映尾矿坝在冻融作用下的结构性。

假设冻融循环次数足够多时,能够完全破坏尾矿坝内尾矿砂的初始结构,就像扰动尾矿砂一样,也是将尾矿砂的初始结构完全破坏。相同原理,可以通过压缩试验得到原状的、浸水饱和的和经过多次冻融循环的尾矿砂的压缩曲线,从而得到不同压力作用下原状尾矿砂的压缩量,用 S_0 表示,浸水饱和尾矿砂的压缩量用 S_s 表示,经过多次冻融循环尾矿砂的压缩量用 S_n 表示,定义:

$$m_{\mathrm{np}} = \frac{S_s}{S_0} \cdot \frac{S_n}{S_0} = \frac{S_s \cdot S_n}{S_0^2} \tag{3-11}$$

式中　m_{np}——考虑冻融作用下尾矿坝变形的综合结构势,简称冻融结构势。

m_{np} 能够反映冻融循环次数对尾矿坝结构性破坏的影响程度,即尾矿坝结构性随着冻融循环次数的演变规律。当冻融循环次数无限大或者达到某一值时,又能反映坝体内尾矿砂结构完全破坏后尾矿砂强度的变形特征,也就是说可以将综合结构势当成冻融结构势当 n 为无限大时的一种特殊情况。冻融结构势原来只从"浸水破坏结构连接"和"重塑破坏结构排列"这两个方面来反映尾矿坝的结构是否易破坏,以得到结构性评价。温度交替变化对土体结构产生影响,通过多次冻融循环试验,达到了反映冻融循环作用下尾矿坝结构性演变过程的目的。其中某级压力 p 为某次冻融循环尾矿坝内传感器监测到的应力。

3.3　尾矿坝冻融力学响应特征

3.3.1　相似材料物理参数

不同冻结温度时随着冻融循环次数变化的尾矿坝关键位置处孔隙率如表 3-15 和图 3-11 所示。

表 3-15　各监测点冻融循环后的孔隙率　　　　　　　单位:%

测点	试验前	试验后		
		冻结温度为 −5 ℃	冻结温度为 −25 ℃	冻结温度为 −45 ℃
1	58	58	59	60
2	57	56	58	58
3	53	55	57	59
4	57	60	63	64
5	55	57	59	59
6	54	61	64	65
7	58	60	63	64

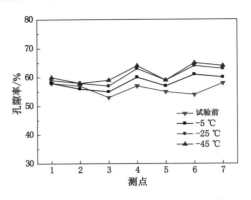

图 3-11　冻结温度影响下不同位置处尾矿砂孔隙率变化曲线

　　由图 3-11 可知:各监测点孔隙率在冻融循环作用下均增大,这是因为冻融循环作用导致尾矿中的小孔隙数量不断增大,孔隙的相对面积增大,孔隙率变大。此外,冻结温度越低,各监测点冻融循环后的孔隙率越大,其原因是:冻融循环作用使得尾矿砂内水分重新分布且结构弱化,改变了尾矿砂的原有骨架和组构,而尾矿砂的骨架和组构与其孔隙率有着密切关系。冻结温度降低能够增强冻结作用,升温融化后,尾矿砂内部的裂隙数量增加速度增大,裂隙尺寸也增大,最终导致孔隙率增大。另外,由以上结果还可以看出:坝体边缘的尾矿砂孔隙率高于坝体内部,因为,冻融循环过程中热量在坝体边缘传递速率较快,这些位置处的冻结和融化作用更明显。

　　对冻融循环后的尾矿砂进行筛分试验,得到尾矿砂颗粒的变化情况。从图 3-12可以看出:随着冻融循环次数的增加,尾矿砂颗粒的大小发生明显变化。颗分试验结果显示:在冻融循环 3 次之前,随着冻融循环次数的增加,粒径分布开始向 0.75~1.75 mm 范围内集中,冻融循环 5 次之后粒径变化趋于稳定。冻融循环对尾矿砂中细粒组颗粒的破坏作用,导致尾矿砂中细粒成分分解,形成大量小颗粒。颗粒的变化必然会引起骨架和组构的变化,从而导致孔隙率变化。由于尾矿砂中大颗粒数量减少,大孔隙数量也会减少,但小孔隙的数量增加。由于小颗粒的总比表面积比大颗粒大,所以在一定范围内小颗粒组成的尾矿砂相对孔隙面积大于大颗粒组成的尾矿砂,这就是尾矿砂孔隙率随着冻融循环次数增加而增大的原因。

　　(1)冻融循环前、后尾矿坝关键位置处渗透试验结果及变化规律

　　使用 GDS 三轴渗透仪测定尾矿坝关键位置的渗透系数,冻融循环前、后各监测点尾矿砂竖向渗透系数监测结果见表 3-16;横向渗透系数监测结果见表 3-17;各监测点尾矿横、竖向渗透系数变化曲线如图 3-13 所示。

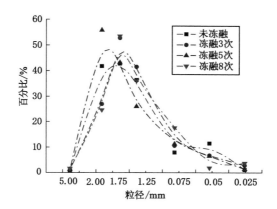

图 3-12 颗粒粒径分布

表 3-16 监测点尾矿砂竖向渗透系数监测结果　　　单位:10^{-4} cm/s

测点	试验前	试验后		
		冻结温度为-5 ℃	冻结温度为-25 ℃	冻结温度为-45 ℃
1	6.87	30.05	31.05	32.02
2	5.18	28.15	29.75	30.01
3	6.02	29.27	30.01	31.20
4	4.38	26.64	29.34	30.21
5	7.47	30.97	31.25	31.52
6	4.96	27.53	30.12	32.15
7	8.01	32.03	35.78	37.78

表 3-17 监测点尾矿砂横向渗透系数监测结果　　　单位:10^{-4} cm/s

测点	试验前	试验后		
		冻结温度为-5 ℃	冻结温度为-25 ℃	冻结温度为-45 ℃
1	9.04	32.15	35.75	36.35
2	7.41	34.76	36.40	37.52
3	8.36	36.51	37.24	37.85
4	6.27	35.21	35.23	36.54
5	9.73	39.45	40.23	41.23
6	7.03	42.36	44.53	45.44
7	10.32	45.24	46.35	47.52

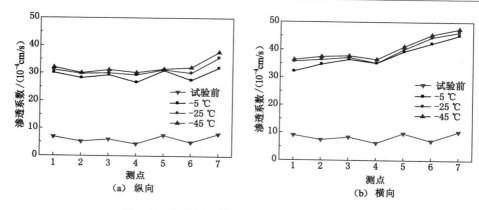

图 3-13　各监测点处尾矿砂渗透系数变化曲线

由图 3-13 可以看出:坝体内关键位置处冻融循环后渗透性有所增强,且经过冻融循环后的渗透系数 k 也随着冻结温度的降低呈增大趋势。水平方向渗透系数比竖直方向渗透系数大,说明相比于水平方向渗透,冻融作用对竖直方向渗透的影响更小。越靠近尾矿坝,渗透系数越大,变化幅度也越大,其原因:冻融循环时,尾矿砂中水会在 0 ℃附近波动而发生相变,在液相和固相之间相互转变。水冻结时会有冰晶生长,其体积变大,对周围的尾矿砂颗粒有一定的挤压作用,使周围的尾矿砂颗粒发生位移甚至被挤碎,当然在挤压的过程中也会使孔隙的形态发生改变,使多个中、小孔隙合并生成大孔隙,从而增加了尾矿砂中的大孔隙。在冻融循环过程中,尾矿砂中的水不断发生相变和迁移,在此作用下尾矿砂颗粒和孔隙不断调整和变化,尾矿砂结构改变,从而导致尾矿砂渗透性各向异性显著改变。

(2)冻融循环前、后尾矿坝关键位置处未冻含水量监测结果及变化规律

不同冻结温度时尾矿坝关键位置处未冻含水量随冻融循环次数变化的监测结果见表 3-18 至表 3-24 和图 3-14。

表 3-18　1# 监测点未冻含水量　　　　　　单位:%

冻融循环次数/次	冻结温度为−5 ℃	冻结温度为−25 ℃	冻结温度为−45 ℃
0	16.01	15.85	15.85
1	14.25	13.85	12.10
2	12.35	11.35	9.32
3	10.85	10.25	8.51
4	9.32	8.35	7.21

表 3-18(续)

冻融循环次数/次	冻结温度为－5 ℃	冻结温度为－25 ℃	冻结温度为－45 ℃
5	8.96	7.55	6.96
6	7.71	6.21	5.86
7	6.55	5.45	4.75
8	6.18	5.15	4.52

表 3-19　2# 监测点未冻含水量　　　　　　　单位:%

冻融循环次数/次	冻结温度为－5 ℃	冻结温度为－25 ℃	冻结温度为－45 ℃
0	15.95	15.90	15.95
1	12.12	13.84	12.12
2	9.52	12.12	9.52
3	8.71	10.55	8.71
4	7.41	9.05	7.41
5	6.86	8.15	6.86
6	6.06	7.51	6.06
7	5.71	6.45	5.71
8	5.52	6.05	5.52

表 3-20　3# 监测点未冻含水量　　　　　　　单位:%

冻融循环次数/次	冻结温度为－5 ℃	冻结温度为－25 ℃	冻结温度为－45 ℃
0	15.85	15.92	15.91
1	14.05	13.54	11.82
2	12.35	11.82	9.32
3	11.15	9.95	8.51
4	9.91	8.75	7.41
5	8.06	7.85	6.86
6	7.11	6.81	6.06
7	6.61	6.35	5.81
8	6.25	5.65	5.02

表 3-21   4# 监测点未冻含水量　　　　　　　　　　单位:%

冻融循环次数/次	冻结温度为−5 ℃	冻结温度为−25 ℃	冻结温度为−45 ℃
0	15.15	15.05	15.05
1	12.75	12.84	12.12
2	10.35	10.02	9.62
3	8.25	8.05	7.71
4	6.02	6.05	5.41
5	5.16	5.15	4.86
6	4.71	4.51	4.06
7	4.25	4.45	3.71
8	4.18	4.05	3.52

表 3-22   5# 监测点未冻含水量　　　　　　　　　　单位:%

冻融循环次数/次	冻结温度为−5 ℃	冻结温度为−25 ℃	冻结温度为−45 ℃
0	15.31	15.35	15.45
1	13.25	13.14	12.62
2	11.05	10.62	10.12
3	8.75	8.35	7.91
4	6.92	6.65	6.41
5	5.06	5.45	5.86
6	5.01	4.91	4.56
7	4.25	3.95	3.91
8	4.19	3.91	3.82

表 3-23   6# 监测点未冻含水量　　　　　　　　　　单位:%

冻融循环次数/次	冻结温度为−5 ℃	冻结温度为−25 ℃	冻结温度为−45 ℃
0	14.71	14.35	14.65
1	11.05	10.84	10.12
2	8.45	7.82	6.62
3	6.25	6.05	5.75
4	5.02	4.65	3.48
5	4.18	3.85	2.85
6	3.75	3.51	2.76
7	3.25	3.05	2.75
8	3.18	2.95	2.55

表 3-24　7# 监测点未冻含水量　　　　　　　　　　单位:%

冻融循环次数/次	冻结温度为−5 ℃	冻结温度为−25 ℃	冻结温度为−45 ℃
0	15.21	15.15	15.15
1	13.45	13.25	12.65
2	11.45	11.22	10.62
3	8.95	8.15	8.51
4	7.02	6.55	6.25
5	6.46	6.05	5.36
6	5.21	4.81	4.76
7	4.75	4.45	3.92
8	4.45	4.25	3.84

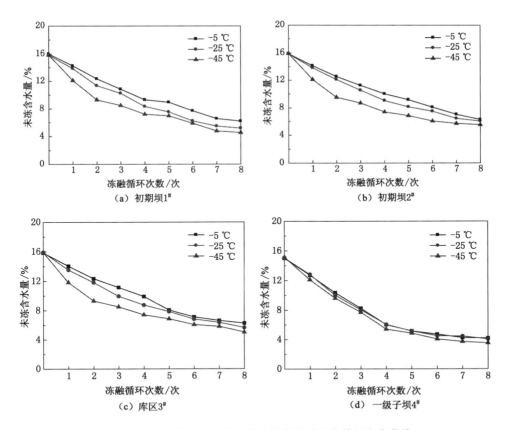

图 3-14　关键位置处未冻含水量随冻融循环次数的变化曲线

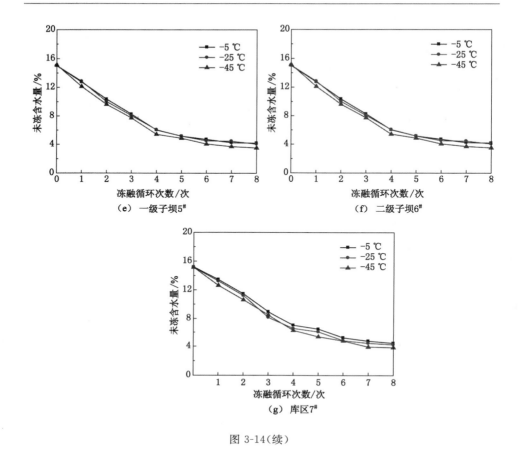

图 3-14（续）

由图 3-14 可知：随着冻循环次数增加，尾矿坝各位置处未冻含水量均先减小后趋于稳定，而且在冻融循环前期未冻含水量降低速率大于其他阶段。此外，冻结温度越低，未冻含水量减小速率越大。越靠近尾矿坝边缘，未冻含水量降低速率越快，最终未冻含水量越小。上述现象的原因可归结为：随着冻融循环次数增加，尾矿坝的冰水转化速率降低，因此出现冻融循环前期未冻含水量降低速度大，在冻融循环后期，尾矿坝内冰水转化趋于平衡，因此，未冻含水量趋于稳定。另外，因为尾矿坝热量传递速率更快，所以出现尾矿坝未冻含水率降低速率高于其他位置，即冻结温度越低，温度梯度越大，热量传播速度越快，冻融循环作用越明显。这也是冻结温度越低，尾矿坝中未冻含水量减小速率增大，最终未冻含水量低于较高冻结温度的主要原因。综上所述，冻融循环次数和冻结温度是影响尾矿坝未冻含水量的关键因素，在分析冻融循环作用下尾矿坝稳定性时，这两个关键因素不能忽略。

此外还可以得出:初始含水率相同时,温度的降低直接影响未冻含水量,且呈降低趋势。含水率不同时,初始含水率大的尾矿砂试样始终比初始含水率小的试样未冻含水量大,这是因为在相同冻结条件下,初始含水率越大,释放的相变潜热越多,尾矿砂的降温速率也随之降低。相比之下,冻结初期初始含水率较大的尾矿砂未冻含水量先变化,而初始含水率较小的后变化,甚至当初始含水率很低时,其变化速率很小,其原因是初始含水率大的尾矿砂试样其自由水的含量比较高,所以其变化较快。由图 3-14 还可知:对于未冻含水量而言,温度突变对初始含水率较大的尾矿砂试样的影响比初始含水率较小的试样更明显。

考虑冻融的单独影响,概述如下。降温时,当温度低于冻结温度时,随着温度的降低,尾矿砂中未冻含水量急剧减小,温度越低,未冻含水量变化越小,当温度稳定时,未冻含水量几乎不变。随着温度的升高,尾矿坝中的冰开始融化,温度逐渐升高,温度急剧升高和"过热"的现象并未发生,这与水冻结时的温度过低和温度突变是有所区别的。其原因:孔隙水冻结和融化在时间上的有序性,是水分热动力学势能的差异导致的,使得冻结时大孔隙的水先冻结,小孔隙的水后冻结,融化时正好相反。说明对初始含水率不同的尾矿砂未冻含水量,其融化曲线和发生变化的温度区间都是相同的。

3.3.2 关键位置力学参数

采用 TSZ-1 型三轴试验仪器,分别测定尾矿坝关键位置处尾矿砂冻融循环前、后的无侧限抗压强度、黏聚力、内摩擦角。试验结果见表 3-25 至表 3-27,各参量变化曲线如图 3-15 至图 3-17 所示。

表 3-25　各监测点无侧限抗压强度

测点	试验前抗压强度 /kPa	试验后抗压强度/kPa		
		冻结温度为 −5 ℃	冻结温度为 −25 ℃	冻结温度为 −45 ℃
1	1 704	1 685	1 674	1 654
2	1 648	1 642	1 634	1 624
3	1 656	1 635	1 630	1 624
4	1 634	1 632	1 625	1 618
5	1 680	1 675	1 670	1 654
6	1 625	1 620	1 615	1 601
7	1 626	1 615	1 614	1 601

表 3-26　各监测点黏聚力

测点	试验前黏聚力/kPa	试验后黏聚力/kPa		
		冻结温度为−5 ℃	冻结温度为−25 ℃	冻结温度为−45 ℃
1	41.8	39.5	38.5	36.5
2	43.6	41.2	38.7	36.7
3	44.2	43.5	40.5	38.6
4	45.2	44.1	41.3	37.6
5	41.0	40.5	38.7	36.5
6	46.1	45.2	43.2	41.2
7	40.2	39.6	37.6	37.0

表 3-27　各监测点内摩擦角

测点	试验前内摩擦角/(°)	试验后内摩擦角/(°)		
		冻结温度为−5 ℃	冻结温度为−25 ℃	冻结温度为−45 ℃
1	27.1	26.9	26.8	26.9
2	27.9	27.8	27.5	27.6
3	28.6	28.4	28.1	27.9
4	29.4	29.0	28.9	27.9
5	26.5	26.0	26.0	25.5
6	30.8	30.2	30.1	29.7
7	25.7	25.1	24.8	25.0

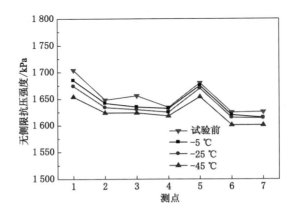

图 3-15　各监测点无侧限抗压强度变化曲线

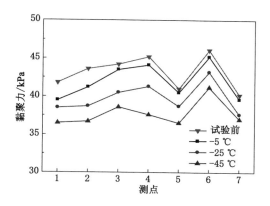

图 3-16 各监测点黏聚力变化曲线

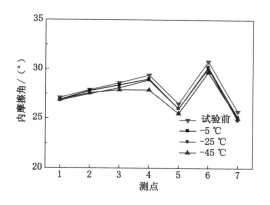

图 3-17 各监测点内摩擦角变化曲线

由图 3-15 至图 3-17 可知:冻融循环前的尾矿砂无侧限抗压强度、黏聚力、内摩擦角均高于冻融循环后,这是由于经历冻融循环后尾矿砂颗粒间距增大,导致其黏聚力降低,内摩擦角降低。同时由于冻融循环作用使尾矿砂内部结构发生变化,密实度降低,故其无侧限抗压强度降低。冻结温度越低,强度降低幅度越大,说明冻结温度对尾矿砂的强度具有重要影响。从而在评价冻融循环作用对尾矿砂力学特性的影响时,冻结温度作为关键因素不可忽视。此外,冻融循环作用下尾矿坝不同位置处尾矿砂的力学参数变化规律基本相同,但是具体数值不同,为尾矿坝的分区治理提供参考。

3.3.3 冻融循环对尾矿坝变形及内力的影响机理

（1）冻融循环对尾矿坝结构性的影响

要研究冻融循环对尾矿坝结构性影响，首先要明确尾矿砂的三相组成在冻融循环过程中的作用和可能发生的变化。

尾矿砂是由固体颗粒、水和气体组成的三相体系，把固体颗粒看作骨架，把水和空气看作充填于骨架孔隙中的血肉。在冻融循环过程中，尾矿砂体中的水分会随着温度的变化发生相变，即由冰化成水或由水结成冰。由于水与冰的密度不同，质量相同时冰的体积比水的体积大，所以当水结成冰时，随着冰晶生长其体积不断膨胀，使周围的尾矿砂颗粒受到冰晶的挤压，从而导致尾矿砂颗粒发生位移甚至破碎变形和孔隙形态改变，最终使尾矿砂颗粒之间的胶结减弱或发生一定的破坏。除水分的相变外，水分迁移对尾矿砂孔隙形态、颗粒排列等结构性要素也产生一定的影响，因此冻融循环对尾矿坝结构性的影响也很明显。

（2）冻融循环作用下尾矿坝内的水分迁移

在冻融循环过程中，尾矿坝内水分发生迁移的必要因素有水、迁移通道和迁移动力，而这 3 个因素是由尾矿砂中的液相和固相物质形成的。其中尾矿砂中液相的存在说明尾矿砂中是含有水的，同样尾矿砂中的孔隙也是由尾矿砂的固相形成的，由于尾矿砂中的孔隙是相互连通的，且水分可以在孔隙中迁移，所以孔隙也就成为水分迁移的通道。

尾矿砂内水分迁移的动力是由物质表面的电荷所决定的。尾矿砂颗粒表面通常带负电，很多物质是可溶于水的，水作为一种极性分子，水中溶解的离子通常带有正电，并且水分子和盐离子有规律地排列在电场中。这样就形成了尾矿颗粒的双电层结构，也就是电场的内层是颗粒表面的负电荷，电场的外层是水中被负电荷吸引而附着在颗粒表面的阳离子和排列整齐的水分子。

当温度降到冰点以下时，尾矿砂中首先冻结的是自由水，之后随着温度继续降低，尾矿颗粒周围的结合水才开始冻结。由于结合水冻结后化学平衡被打破，从而导致原本距尾矿砂颗粒较远的自由水被吸引至尾矿颗粒附近，直至平衡。尾矿坝在冻结作用下发生较大位移，表现为坝体监测的变形在冻融循环初期变化较大，变形将导致坝体内部应力重分配、各个监测点土压力监测数据的变化和孔隙压力的变化。

（3）冻融循环作用下尾矿坝变形规律细观结构机理

选取尾矿坝典型位置，分别得到冻融前、后细观结构图。图 3-18（a）是尾矿坝冻融循环前放大 2 000 倍的细观结构。在发生冻融作用前尾矿砂颗粒的排列十分紧密，颗粒与颗粒之间的胶结作用较大。图 3-18（b）是尾矿坝冻融循环后放大 2 000 倍的细观结构。在经历冻融循环之后,颗粒之间的孔隙变大,接触面积减小,尾矿坝中的胶结作用减弱,结构被破坏。由图 3-18(a)和图 3-18(b)对比可知:在冻融循环前,颗粒之间的接触比较紧密,试样在经过数次冻融循环之后颗粒之间会产生一定的孔隙和裂缝。冻融循环的次数不同,对试样造成的影响不相同。随着冻融循环的进行,坝体中的水分经历了多次反复的冻融和迁移,颗粒和孔隙会受到一定的作用力,因为这些作用力的存在,使尾矿砂颗粒和孔隙不断调整和变化,从而形成大孔隙和微裂缝,孔隙内壁变得光滑,成分没有之前复杂,结构性减弱。当达到一定次数的冻融循环之后,孔隙趋于稳定,逐渐形成尾矿砂中水分迁移的通道,坝体结构也向稳定趋势发展。

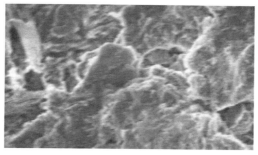

（a）冻融循环前

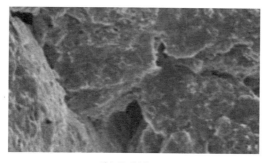

（b）冻融循环后

图 3-18　尾矿坝冻融循环前、后放大 2 000 倍的细观结构

综上所述,冻融循环对尾矿坝变形产生影响最直接的原因是导致水分迁移,水与冰互转化,尾矿砂颗粒结构重组。上述各变化动态进行,最终达到动态平衡,有效解释了冻融循环全过程中尾矿坝变形、内力的变化原因。进一步说,在冻融循环过程中,随着水分的相变与迁移,尾矿砂中的矿物成分、粒度组成、颗粒排列方式与孔隙的分布位置、颗粒的形态、孔隙的形态、孔隙水中的含盐情况等

结构性要素发生了改变,从而导致尾矿坝力学性质发生改变。

3.4 冻融循环作用下尾矿坝变形的影响因素分析

3.4.1 不同坝坡比条件下尾矿坝变形随冻融循环次数的变化规律

在冻结温度为 -25 ℃、浸润线高度与初期坝坝顶高度相同的条件下,开展不同坝坡比(1∶2、1∶3、1∶4)条件下尾矿坝冻融循环模型试验,研究坝坡比对坝体变形的影响。表 3-28 至表 3-33 为冻结温度为 -25 ℃、浸润线高度与初期坝顶部高度相同的条件下,各监测点的变形监测结果。图 3-19 为不同坝坡比条件下各监测点变形随冻融循环次数的变化规律。

表 3-28   不同坝坡比条件下初期坝顶部的变形监测结果   单位:mm

冻融循环次数/次	坝坡比为 1∶2	坝坡比为 1∶3	坝坡比为 1∶4
0	0.00	0.00	0.00
1	0.65	0.45	0.35
2	1.21	0.96	0.76
3	1.32	0.99	0.85
4	1.61	1.35	0.91
5	1.75	1.32	1.05
6	1.75	1.26	1.10
7	1.73	1.20	1.12
8	1.73	1.17	1.10

表 3-29   不同坝坡比条件下初期坝顶部的变形监测结果   单位:mm

冻融循环次数/次	坝坡比为 1∶2	坝坡比为 1∶3	坝坡比为 1∶4
0	0.00	0.00	0.00
1	0.85	0.65	0.35
2	1.21	0.86	0.75
3	1.52	1.29	0.80
4	1.81	1.65	0.95
5	1.95	1.82	1.25
6	2.15	1.96	1.50
7	2.23	1.92	1.42
8	2.23	1.90	1.50

表 3-30　不同坝坡比条件下一级子坝顶部的变形监测结果　　单位：mm

冻融循环次数/次	坝坡比为 1：2	坝坡比为 1：3	坝坡比为 1：4
0	0.00	0.00	0.00
1	0.75	0.55	0.35
2	1.15	0.76	0.55
3	1.35	0.99	0.85
4	1.75	1.15	0.95
5	1.95	1.32	1.15
6	2.15	1.56	1.35
7	2.13	1.52	1.35
8	2.15	1.50	1.35

表 3-31　不同坝坡比条件下一级子坝中顶部的变形监测结果　　单位：mm

冻融循环次数/次	坝坡比为 1：2	坝坡比为 1：3	坝坡比为 1：4
0	0.00	0.00	0.00
1	0.75	0.45	0.40
2	1.35	0.76	0.60
3	1.55	1.00	0.90
4	1.75	1.25	1.00
5	2.15	1.62	1.15
6	2.35	1.96	1.25
7	2.33	1.92	1.45
8	2.35	1.90	1.45

表 3-32　不同坝坡比条件下二级子坝顶部的变形监测结果　　单位：mm

冻融循环次数/次	坝坡比为 1：2	坝坡比为 1：3	坝坡比为 1：4
0	0.00	0.00	0.00
1	0.75	0.35	0.25
2	1.15	0.75	0.55
3	1.35	0.88	0.80
4	1.85	1.18	0.95
5	1.95	1.29	1.15
6	2.35	1.27	1.25
7	2.41	1.17	1.15
8	2.55	1.10	1.15

表 3-33 不同坝坡比条件下二级子坝中顶部的变形监测结果 单位:mm

冻融循环次数/次	坝坡比为 1:2	坝坡比为 1:3	坝坡比为 1:4
0	0.00	0.00	0.00
1	0.75	0.45	0.25
2	1.35	0.75	0.55
3	1.65	0.98	0.80
4	1.95	1.08	0.95
5	2.15	1.19	1.05
6	2.35	1.17	1.05
7	2.60	1.17	1.10
8	2.60	1.12	1.10

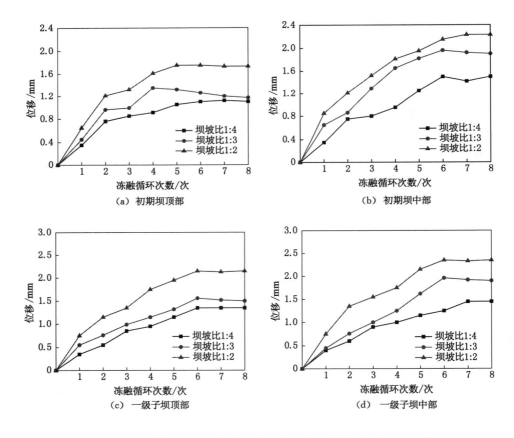

图 3-19 不同坝坡比条件下尾矿坝位移随冻融循环次数的变化曲线

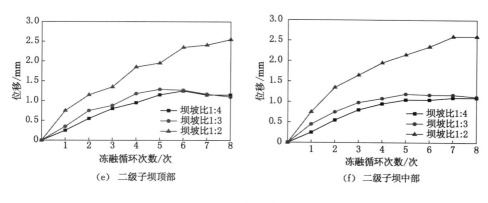

图 3-19(续)

由图 3-19 可知:在不同坝坡比条件下,尾矿坝变形随着冻融循环次数的增加,均呈现先增大后趋于稳定的趋势,在冻融循环初期,尾矿坝变形增长速率高于中后期。当冻融循环温度、浸润线高度相同时,坝坡比越大,尾矿坝变形越大。综上可知:坝坡比是冻融循环作用下分析尾矿坝变形等重要特征的不可忽略因素。

3.4.2 不同浸润线高度条件下尾矿坝变形随冻融循环次数的变化规律

在冻结温度为−25 ℃、坝坡比为 1∶4、浸润线高度达到一级子坝中部时,开展尾矿坝冻融循环模型试验,得到不同浸润线高度条件下尾矿坝变形随冻融循环次数变化规律。表 3-34 至表 3-39 为冻结温度为−25 ℃、坝坡比为 1∶4、浸润线高度与一级子坝中部高度相同的条件下尾矿坝变形监测结果。图 3-20 为不同浸润线高度条件下尾矿坝变形随冻融循环次数的变化规律。

表 3-34 不同浸润线高度条件下初期坝顶部的变形监测结果 单位:mm

冻融循环次数/次	浸润线高度与初期坝坝顶高度相同时	浸润线高度与一级子坝中部高度相同时
0	0.00	0.00
1	0.45	0.65
2	0.96	1.21
3	0.99	1.42
4	1.35	1.67
5	1.32	1.80
6	1.26	1.95
7	1.20	1.93
8	1.17	1.93

表 3-35　不同浸润线高度条件下初期坝中部的变形监测结果　单位：mm

冻融循环次数/次	浸润线高度与初期坝坝顶高度相同时	浸润线高度与一级子坝中部高度相同时
0	0.00	0.00
1	0.65	0.89
2	0.86	1.31
3	1.29	1.95
4	1.65	2.11
5	1.82	2.25
6	1.96	2.25
7	1.92	2.23
8	1.90	2.22

表 3-36　不同浸润线高度条件下一级子坝顶部的变形监测结果　单位：mm

冻融循环次数/次	浸润线高度与初期坝坝顶高度相同时	浸润线高度与一级子坝中部高度相同时
0	0.00	0.00
1	0.55	0.75
2	0.76	1.11
3	0.99	1.25
4	1.15	1.41
5	1.32	1.65
6	1.56	1.75
7	1.52	1.73
8	1.50	1.72

表 3-37　不同浸润线高度条件下一级子坝中部的变形监测结果　单位：mm

冻融循环次数/次	浸润线高度与初期坝坝顶高度相同时	浸润线高度与一级子坝中部高度相同时
0	0.00	0.00
1	0.79	0.45
2	1.31	0.76
3	1.55	0.99
4	1.91	1.25
5	2.15	1.62
6	2.35	1.96
7	2.33	1.92
8	2.32	1.90

表 3-38　不同浸润线高度条件下二级子坝顶部的变形监测结果　单位：mm

冻融循环次数/次	浸润线高度与初期坝坝顶高度相同时	浸润线高度与一级子坝中部高度相同时
0	0.00	0.00
1	0.65	0.35
2	1.15	0.75
3	1.35	0.88
4	1.55	1.18
5	1.85	1.29
6	2.05	1.27
7	2.03	1.17
8	2.02	1.10

表 3-39　不同浸润线高度条件下二级子坝中部的变形监测结果　单位：mm

冻融循环次数/次	浸润线高度与初期坝坝顶高度相同时	浸润线高度与一级子坝中部高度相同时
0	0.00	0.00
1	0.65	0.45
2	1.25	0.75
3	1.40	0.98
4	1.65	1.08
5	1.85	1.19
6	2.00	1.17
7	2.05	1.17
8	1.95	1.12

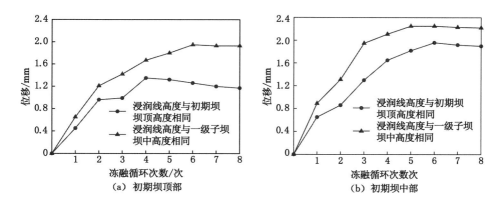

图 3-20　不同浸润线高度条件下尾矿坝位移随冻融循环次数的变化曲线

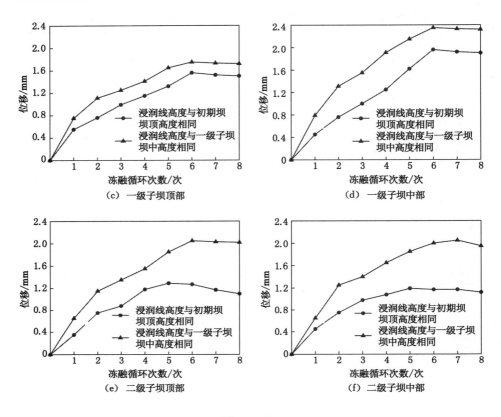

图 3-20(续)

由图 3-20 可知:不同浸润线高度条件下,尾矿坝各位置处变形随着冻融循环次数增加先增大后趋于稳定。浸润线高度越高,变形量越大,变形量的变化幅度也越大。当浸润线高度与初期坝坝顶高度相同时,初期坝顶部变形量明显高于其他位置,变形增长速率也高于其他位置。当浸润线高度与一级子坝中部高度相同时,一级子坝中部变形量明显大于其他位置,变形速率也大于其他位置。此外,浸润线高度与一级子坝相同的条件下坝体各位置处变形量大于浸润线高度与初期坝顶部相同条件下的坝体变形量。这是因为:浸润线越高,坝体各位置处的含水率较大,热量传递速度快,冰水转化速度快,浸润线附近的含水量越大,冻融循环作用越明显。

3.4.3　不同冻结温度时尾矿坝变形随冻融循环次数的变化规律

在坝坡比为 1:4、浸润线高度与初期坝坝顶高度相同的条件下,开展不同冻结温度时尾矿坝冻融循环模型试验。表 3-40 至表 3-45 为不同冻结温度和冻融循环次数时的坝体变形监测结果。图 3-22 为坝体变形在不同冻结温度时随冻融循环次数的变化规律。

表 3-40　不同冻结温度和冻融循环次数时的初期坝顶部变形监测结果　单位：mm

冻融循环次数/次	冻结温度为 -5 ℃	冻结温度为 -25 ℃	冻结温度为 -45 ℃
0	0.00	0.00	0.00
1	0.55	0.45	0.39
2	1.01	0.96	0.81
3	1.12	0.99	0.85
4	1.47	1.35	0.91
5	1.40	1.32	1.15
6	1.35	1.26	0.95
7	1.33	1.20	0.93
8	1.30	1.17	0.92

表 3-41　不同冻结温度和冻融循环次数时的初期坝中部变形监测结果　单位：mm

冻融循环次数/次	冻结温度为 -5 ℃	冻结温度为 -25 ℃	冻结温度为 -45 ℃
0	0.00	0.00	0.00
1	0.50	0.65	0.69
2	0.79	0.86	0.81
3	1.12	1.29	0.95
4	1.56	1.65	1.71
5	1.73	1.82	2.05
6	1.79	1.96	2.05
7	1.79	1.92	2.03
8	1.75	1.90	2.02

表 3-42　不同冻结温度和冻融循环次数时的一级子坝顶部变形监测结果　单位：mm

冻融循环次数/次	冻结温度为 -5 ℃	冻结温度为 -25 ℃	冻结温度为 -45 ℃
0	0.00	0.00	0.00
1	0.35	0.55	0.69
2	0.49	0.76	0.81

表 3-42(续)

冻融循环次数/次	冻结温度为−5 ℃	冻结温度为−25 ℃	冻结温度为−45 ℃
3	0.76	0.99	1.05
4	0.97	1.15	1.21
5	1.17	1.32	1.65
6	1.24	1.56	1.65
7	1.42	1.52	1.62
8	1.42	1.50	1.62

表 3-43　不同冻结温度和冻融循环次数时的一级子坝中部变形监测结果　单位:mm

冻融循环次数/次	冻结温度为−5 ℃	冻结温度为−25 ℃	冻结温度为−45 ℃
0	0.00	0.00	0.00
1	0.28	0.45	0.69
2	0.49	0.76	1.01
3	0.71	0.99	1.25
4	1.07	1.25	1.71
5	1.47	1.62	2.05
6	1.64	1.96	2.05
7	1.82	1.92	2.03
8	1.82	1.90	2.02

表 3-44　不同冻结温度和冻融循环次数时的二级子坝顶部变形监测结果　单位:mm

冻融循环次数/次	冻结温度为−5 ℃	冻结温度为−25 ℃	冻结温度为−45 ℃
0	0.00	0.00	0.00
1	0.20	0.35	0.49
2	0.35	0.75	0.91
3	0.58	0.88	1.25
4	0.88	1.18	1.41
5	1.09	1.29	1.35
6	1.17	1.27	1.35
7	1.09	1.17	1.23
8	1.02	1.10	1.20

表 3-45 不同冻结温度和冻融循环次数时的二级子坝中部变形监测结果 单位:mm

冻融循环次数/次	冻结温度为-5 ℃	冻结温度为-25 ℃	冻结温度为-45 ℃
0	0.00	0.00	0.00
1	0.25	0.45	0.59
2	0.45	0.75	0.81
3	0.78	0.98	1.15
4	0.88	1.08	1.31
5	0.99	1.19	1.25
6	1.07	1.17	1.25
7	1.07	1.17	1.23
8	1.02	1.12	1.22

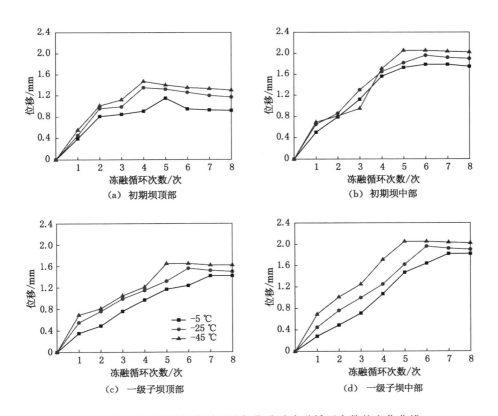

图 3-21 不同冻结温度时尾矿坝位移随冻融循环次数的变化曲线

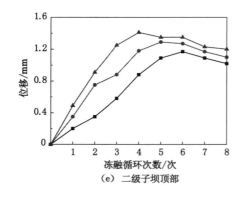

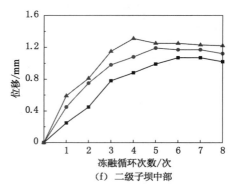

（e）二级子坝顶部 （f）二级子坝中部

图 3-21（续）

由坝体变形监测结果可以看出：在冻融循环前期，一、二级子坝变形均呈现先突然增大后缓慢减小最终趋于稳定的变化趋势，冻结温度越低，变形幅度越大。其原因是：冻融循环前期模型内未冻结水较多，温度降低冻结后，由于膨胀导致子坝变形大幅增大，同时，冻结温度越低，膨胀作用越明显，变形量越大。在融化阶段，之前冻结的冰开始融化，膨胀力减小，使得坝体变形减小，继续冻结。由于此时尾矿砂传递热量变慢，即使在相同的冻结温度下，融化的水分也不会快速凝结成冰，故而出现尾矿坝变形继续减小的现象；随着冻融次数的增加，尾矿砂内的冰、水转换趋于平衡，变形趋于稳定。此外，冻融循环和冻结温度具有明显的位置效应，越靠近尾矿坝，坝体变形量越大，变形速度越快，主要是因为这些位置的温度梯度大，冻融速度快。因此可以得出温度是影响冻融循环作用的关键因素，坝体变形实际上同时受冻融循环次数和冻结温度的影响，在一定条件下，冻结温度比冻融循环次数对坝体变形的影响更明显，特别是在冻融循环后期，冻结温度往往发挥主要作用。

4 冻融循环作用下尾矿坝水-热-力耦合模型研究

4.1 尾矿坝水-热-力耦合模型的基本假设

为了综合考虑冻融循环作用下尾矿坝水-热-力三场耦合过程中的主要影响因素并对模型进行合理简化,基本假设如下:

(1) 尾矿坝各部分均匀、连续、各向同性;

(2) 在冻结区和未冻结区,水分迁移都是以液态形式进行的,冰晶的迁移不在考虑范围内;

(3) 尾矿砂颗粒和冰晶是不能被压缩的,忽略了冰在压力作用下是会融化的;

(4) 尾矿砂是弹性体且是完全固结的;

(5) 水分迁移完全符合达西定律。

4.2 尾矿坝水-热-力耦合模型的建立

4.2.1 冻融循环尾矿坝应力场方程

4.2.1.1 平衡方程

将尾矿砂骨架当作弹性体,根据弹性力学理论,空间问题的平衡方程为:

$$\nabla \cdot \boldsymbol{\sigma} = \boldsymbol{F} \tag{4-1}$$

式中　$\boldsymbol{\sigma}$——应力张量,当考虑温度应力影响的情况时,$\boldsymbol{\sigma}$ 由弹性应力和温度应力两部分组成。

　　　$\boldsymbol{F}$——体力,$\boldsymbol{F} = [F_x, F_y, F_z]^{\mathrm{T}}$。

根据剪应力互等定理有:

$$\begin{cases} \sigma_{xy} = \sigma_{yx} \\ \sigma_{xz} = \sigma_{zx} \end{cases}$$

4.2.1.2 几何方程

$$\begin{cases} \varepsilon_{xx} = \dfrac{\partial u_x}{\partial x} \\[2mm] \varepsilon_{xy} = \dfrac{1}{2}\left(\dfrac{\partial u_x}{\partial y} + \dfrac{\partial u_y}{\partial x}\right) \\[2mm] \varepsilon_{yy} = \dfrac{\partial u_y}{\partial y} \\[2mm] \varepsilon_{yz} = \dfrac{1}{2}\left(\dfrac{\partial u_y}{\partial z} + \dfrac{\partial u_z}{\partial y}\right) \\[2mm] \varepsilon_{zx} = \dfrac{\partial u_z}{\partial z} \\[2mm] \varepsilon_{zz} = \dfrac{1}{2}\left(\dfrac{\partial u_z}{\partial x} + \dfrac{\partial u_x}{\partial z}\right) \end{cases} \tag{4-2}$$

式中 u_x, u_y, u_z——位移 $\boldsymbol{u}$ 在 x 轴、y 轴和 z 轴上的位移分量。

当外界荷载作用于尾矿砂时,结合太沙基有效应力原理与固结理论,假设迁移水的重度不变,随着尾矿砂的冻结,孔隙水压力越来越大,有效应力越来越小。将考虑有效应力作用的三维应力-应变关系与渗流方程相结合,建立了可同时求解孔隙水压力和渗透介质变形量的流-固耦合方程。

设孔隙水压力为 p,渗透介质单位体积所增加的孔隙水体积为 $\bar{\omega}$,作用于渗透介质上的总应力为 σ_{ij},其所对应的应变为 ε_{ij},则渗透介质应力与应变的关系式为:

$$\boldsymbol{\sigma} = \sigma_{ij}{}' + \alpha\delta_{ij}p = 2G\varepsilon_{ij} + \frac{2G\nu}{1-2\nu}\varepsilon\delta_{ij} + \alpha p\delta_{ij} \tag{4-3}$$

$$\begin{cases} \sigma_{xx} = 2G\varepsilon_{xx} + 2G\dfrac{\nu}{1-2\nu}(\varepsilon_{xx} + \varepsilon_{yy} + \varepsilon_{zz}) + \alpha p \\[2mm] \sigma_{xy} = \sigma_{yx} = 2G\varepsilon_{xy} \\[2mm] \sigma_{yy} = 2G\varepsilon_{yy} + 2G\dfrac{\nu}{1-2\nu}(\varepsilon_{xx} + \varepsilon_{yy} + \varepsilon_{zz}) + \alpha p \\[2mm] \sigma_{yz} = \sigma_{zy} = 2G\varepsilon_{zy} \\[2mm] \sigma_{zz} = 2G\varepsilon_{zz} + 2G\dfrac{\nu}{1-2\nu}(\varepsilon_{xx} + \varepsilon_{yy} + \varepsilon_{zz}) + \alpha p \\[2mm] \sigma_{xz} = \sigma_{zx} = 2G\varepsilon_{xz} \end{cases}$$

$$\bar{\omega} = \alpha\varepsilon + \frac{p}{Q} \tag{4-4}$$

式中 $\sigma_{ij}{}'$——有效应力。

E、G 与 ν 分别表示孔隙水压力保持定值时所测得的弹性模量、剪切模量和泊松比,三者之间的关系式为:

$$G = \frac{E}{2(1+\nu)} \tag{4-5}$$

ε 为体积应变:

$$\varepsilon = \varepsilon_{xx} + \varepsilon_{yy} + \varepsilon_{zz} \tag{4-6}$$

α 为 Biot 系数:

$$\alpha = \frac{2(1+\nu)G}{3(1-2\nu)H} \tag{4-7}$$

Q、α 为与渗透介质的饱和度相关的参数:

$$\frac{1}{Q} = \frac{1}{R} - \frac{\alpha}{H} \tag{4-8}$$

式中 H,R——Biot 所定义的孔隙水与渗透介质之间的互制系数。

4.2.1.3 渗透介质热弹性本构方程

温度应力的定义:由于外在约束或物体内部各部分之间的相互约束,温度升降而引起膨胀或收缩不能自由发生而产生的应力。

多孔介质热弹性力学理论是在 Biot 理论模式中考虑温度的影响。当温度升高时,将导致孔隙水与固体骨架都发生膨胀。在温度升高的初始阶段,孔隙水的体积膨胀量大于骨架的体积膨胀量,随着温度作用时间的增加,膨胀量差异将逐渐减小,直至消失。

(1)热应变

在 J. M. C. Duhamel 和 F. Neumann 所创立的线性热应力理论中,认为由外力作用产生的弹性变形的位移和应变与由温度变化所引起的热变形的位移和应变满足线性叠加规律。因此,在弹性区域,应变可分解为

$$\varepsilon_{ij} = \varepsilon_{ij}^{e} + \varepsilon_{ij}^{T} \tag{4-9}$$

式中 ε_{ij}^{e}——渗透介质骨架的弹性应变。

ε_{ij}^{T}——渗透介质骨架的热应变。

弹性应变增量 ε_{ij}^{e} 又包括孔隙压力所引起的应变和应力所引起的应变。

根据线性热应力理论:

$$\varepsilon_{ij}^{T} = \beta_{s}(T - T_0) = \beta_{s}\Delta T \tag{4-10}$$

$$\begin{cases} \varepsilon_{xx}^{\mathrm{T}} = \beta_{\mathrm{s}} \Delta T \\[4pt] \varepsilon_{yy}^{\mathrm{T}} = \beta_{\mathrm{s}} \Delta T \\[4pt] \varepsilon_{zz}^{\mathrm{T}} = \beta_{\mathrm{s}} \Delta T \\[4pt] \varepsilon_{xy}^{\mathrm{T}} = \varepsilon_{yx}^{\mathrm{T}} = 0 \\[4pt] \varepsilon_{xz}^{\mathrm{T}} = \varepsilon_{zx}^{\mathrm{T}} = 0 \\[4pt] \varepsilon_{yz}^{\mathrm{T}} = \varepsilon_{zy}^{\mathrm{T}} = 0 \end{cases}$$

$$\begin{cases} \varepsilon_{xx}^{\mathrm{e}} = \dfrac{1}{E}\left[\sigma_{xx} - \nu(\sigma_{yy} + \sigma_{zz}) \right] \\[10pt] \varepsilon_{yy}^{\mathrm{e}} = \dfrac{1}{E}\left[\sigma_{yy} - \nu(\sigma_{zz} + \sigma_{xx}) \right] \\[10pt] \varepsilon_{zz}^{\mathrm{e}} = \dfrac{1}{E}\left[\sigma_{zz} - \nu(\sigma_{xx} + \sigma_{yy}) \right] \\[10pt] \varepsilon_{xy}^{\mathrm{e}} = \varepsilon_{yx}^{\mathrm{e}} = \dfrac{2(1+\nu)}{E}\sigma_{xy} \\[10pt] \varepsilon_{xz}^{\mathrm{e}} = \varepsilon_{zx}^{\mathrm{e}} = \dfrac{2(1+\nu)}{E}\sigma_{xz} \\[10pt] \varepsilon_{yz}^{\mathrm{e}} = \varepsilon_{zy}^{\mathrm{e}} = \dfrac{2(1+\nu)}{E}\sigma_{yz} \end{cases}$$

$$\begin{cases} \varepsilon_{xx} = \dfrac{1}{E}\left[\sigma_{xx} - \nu(\sigma_{yy} + \sigma_{zz}) \right] + \beta_{\mathrm{s}} \Delta T \\[10pt] \varepsilon_{yy} = \dfrac{1}{E}\left[\sigma_{yy} - \nu(\sigma_{zz} + \sigma_{xx}) \right] + \beta_{\mathrm{s}} \Delta T \\[10pt] \varepsilon_{zz} = \dfrac{1}{E}\left[\sigma_{zz} - \nu(\sigma_{xx} + \sigma_{yy}) \right] + \beta_{\mathrm{s}} \Delta T \\[10pt] \varepsilon_{xy} = \varepsilon_{yx} = \dfrac{2(1+\nu)}{E}\sigma_{xy} \\[10pt] \varepsilon_{xz} = \varepsilon_{zx} = \dfrac{2(1+\nu)}{E}\sigma_{xz} \\[10pt] \varepsilon_{yz} = \varepsilon_{zy} = \dfrac{2(1+\nu)}{E}\sigma_{yz} \end{cases}$$

式中　β_{s}——固体骨架材料的线性热膨胀系数；

$\quad\quad \Delta T = T - T_0$；

$\quad\quad T$——某时刻的温度；

$\quad\quad T_0$——初始参考温度。

（2）考虑温度应力作用的弹性力学本构方程

假设：

① 由于变温作用而导致弹性体内各点发生的微小长度变化不受约束；

② 弹性体对于线性热膨胀系数 β_s 而言为各向同性,即变温作用不引起任何剪应变;

③ β_s 不随温度的改变而改变,即线性温度应力问题。

在上述假设条件下,将应力分量用应变分量表示可得到如下本构方程:

$$\sigma_{ij}{}' = 2G\epsilon_{ij}{}' + \lambda e_{kk}{}'\delta_{ij}$$

$$\sigma_{ij}{}' = 2G\epsilon_{ij}{}' + \lambda e_{kk}{}'\delta_{ij} + \beta_s K_D T\delta_{ij} \tag{4-11}$$

式中 λ——拉梅常数,$\lambda = \dfrac{\nu E}{(1+\nu)(1-2\nu)} = 2G\dfrac{\nu}{1-2\nu}$;

K_D——渗透介质的体积模数,$K_D = \lambda + \dfrac{2}{3}G = \dfrac{E}{3(1-2\nu)}$。

$$\begin{cases} \sigma_{xx} = 2G\epsilon_{xx} + 2G\dfrac{\nu}{1-2\nu}(\epsilon_{xx}+\epsilon_{yy}+\epsilon_{zz}) - \alpha p - \beta_s K_D \Delta T \\[2mm] \sigma_{yy} = 2G\epsilon_{yy} + 2G\dfrac{\nu}{1-2\nu}(\epsilon_{xx}+\epsilon_{yy}+\epsilon_{zz}) - \alpha p - \beta_s K_D \Delta T \\[2mm] \sigma_{zz} = 2G\epsilon_{zz} + 2G\dfrac{\nu}{1-2\nu}(\epsilon_{xx}+\epsilon_{yy}+\epsilon_{zz}) - \alpha p - \beta_s K_D \Delta T \\[2mm] \sigma_{xy} = \sigma_{yx} = 2G\epsilon_{xy} \\[2mm] \sigma_{yz} = \sigma_{zy} = 2G\epsilon_{zy} \\[2mm] \sigma_{xz} = \sigma_{zx} = 2G\epsilon_{xz} \end{cases}$$

$$\sigma = \sigma_{ij} = 2G\epsilon_{ij} + (\lambda e_{kk} - \beta_s K_D \Delta T)\delta_{ij} + \alpha p\delta_{ij} \tag{4-12}$$

作用于渗透介质上的总应力 σ_{ij} 应该满足平衡方程式。将式(4-12)代入平衡方程(4-1),可以得到以介质位移和孔隙压力为未知数的基本控制方程:

$$\begin{cases} G\nabla^2 u_x + \dfrac{G}{1-2\nu}\dfrac{\partial\epsilon}{\partial x} - \alpha\dfrac{\partial p}{\partial x} = F_x \\[3mm] G\nabla^2 u_y + \dfrac{G}{1-2\nu}\dfrac{\partial\epsilon}{\partial y} - \alpha\dfrac{\partial p}{\partial y} = F_y \\[3mm] G\nabla^2 u_z + \dfrac{G}{1-2\nu}\dfrac{\partial\epsilon}{\partial z} - \alpha\dfrac{\partial p}{\partial z} = F_z \end{cases} \tag{4-13}$$

式中,$\nabla^2 = \dfrac{\partial^2}{\partial x^2} + \dfrac{\partial^2}{\partial y^2} + \dfrac{\partial^2}{\partial z^2}$。

$$\nabla\cdot\sigma - \alpha\nabla p = F \tag{4-14}$$

将式(4-12)代入式(4-13)可得:

$$\nabla\cdot[2G\epsilon_{ij} + (\lambda e_{kk} - \beta_s K_D \Delta T)\delta_{ij}] = F \tag{4-15}$$

即

$$2G\dfrac{\partial\epsilon_{ij}}{\partial x_j} + \lambda\dfrac{\partial\epsilon_{ij}}{\partial x_j} + \alpha\dfrac{\partial p}{\partial x_i} - \beta_s K_D\dfrac{\partial T}{\partial x_i} = F_i \tag{4-16}$$

将几何方程(4-2)代入式(4-16),可得:

$$G \frac{\partial^2 u_i}{\partial x_j^2} + (G + \lambda) \frac{\partial^2 u_j}{\partial x_i \partial x_j} + \alpha \frac{\partial p}{\partial x_i} - \beta_s K_D \frac{\partial T}{\partial x_i} = F_i \qquad (4-17)$$

式(4-17)为温度场与渗流场共同作用下多孔介质变形场的控制方程。方程等号左边最后两项分别描述了渗流场、温度场对变形场的耦合作用。

通过试验能够得出:在尾矿砂浸水饱和的情况下,尾矿砂的孔隙比 e 随着有效应力 σ' 的增大而减小,其关系式为:

$$e = e_0 - \alpha^* \sigma' \qquad (4-18)$$

式中 α^*——尾矿砂的压密系数;

e_0——尾矿砂的初始孔隙比。

由式(4-18)可以推出:有效应力的增大是尾矿砂冻胀变形的直接原因。

在尾矿砂冻结时,水结成冰和水分迁移共同影响尾矿砂体积的变化,不考虑尾矿砂颗粒和冰晶在冻融时体积的变化,并且假设冰受压的情况下不会融化,则尾矿砂的体积应变可用下式表示:

$$\varepsilon_V = \varepsilon_{Vf} + \varepsilon_{VT} \qquad (4-19)$$

式中 $\varepsilon_{Vf}, \varepsilon_{VT}$——尾矿砂中冰水相变和温度变化所引起的体积应变。

根据未冻水的不可压缩性和刚性冰假设,当孔隙内的冰和未冻水的体积之和比孔隙体积大时会引起体积应变,ε_{Vf} 可表示为:

$$\varepsilon_{Vf} = 0.09(\theta_0 - \theta_u) + 1.09\Delta\theta + \theta_0 - n \qquad (4-20)$$

4.2.2 冻融循环尾矿坝渗流场方程

4.2.2.1 连续性方程

渗流场的基本方程即根据质量守恒原理所建立的流量连续性方程:

$$\frac{\partial}{\partial t}(n\rho_{fluid}) = -\frac{\partial}{\partial x_i}\left[\rho_{fluid} n (\boldsymbol{v}_{fluid} - \boldsymbol{v}_{solid})\right] \qquad (4-21)$$

式中 n——孔隙率;

$\boldsymbol{v}_{fluid}, \boldsymbol{v}_{solid}$——流体与固体骨架的实际速度。

将式(4-21)左边展开:

$$\frac{\partial}{\partial t}(n\rho_{fluid}) = n \frac{\partial \rho_{fluid}}{\partial t} + \rho_{fluid} \frac{\partial n}{\partial t} \qquad (4-22)$$

压力 p 和温度 T 会导致流体的密度发生变化,故 ρ_{fluid} 为 p 和 T 的函数:

$$d\rho_{fluid} = -\rho_{fluid}\left(\frac{dp}{K_{fluid}} + \beta_{fluid} dT\right) \qquad (4-23)$$

式中 K_{fluid}——流体体积模数;

β_{fluid}——液体体积膨胀系数。

与流体的密度相似,孔隙率 n 也为压力 p 和温度 T 的函数。导致孔隙率 n 发生变化的因素包括总应力增量 $\mathrm{d}\sigma_{ij}$ 与温度增量 $\mathrm{d}T$ 两个因素,其中总应力增量又包含有效应力增量 $\mathrm{d}\sigma_{ij}{}'$ 与孔隙水压力增量 $\mathrm{d}p$,因此导致孔隙率发生变化的因素共有 $\mathrm{d}\sigma_{ij}{}'$、$\mathrm{d}p$ 和 $\mathrm{d}T$ 3 个。下面对这 3 个增量所引起的体积变化进行分述。

(1)由 $\mathrm{d}\sigma_{ij}{}'$ 引起的体积改变量

固体骨架的体积改变量:

$$\mathrm{d}V_{\text{solid}} = \frac{V}{3K_s}\mathrm{d}\sigma_{kk}{}' \tag{4-24}$$

总体积的改变量:

$$\mathrm{d}V = \frac{V}{3K_D}\mathrm{d}\sigma_{kk}{}' \tag{4-25}$$

(2)由 $\mathrm{d}p$ 引起的体积改变量

固体骨架的体积改变量:

$$\mathrm{d}V_{\text{solid}} = \frac{(1-n)V}{K_s}\mathrm{d}p \tag{4-26}$$

总体积的改变量:

$$\mathrm{d}V = \frac{V}{K_s}\mathrm{d}p \tag{4-27}$$

(3)由 $\mathrm{d}T$ 引起的体积改变量

固体骨架的体积改变量:

$$\mathrm{d}V_{\text{solid}} = (1-n)\beta_s V\mathrm{d}T \tag{4-28}$$

总体积的改变量:

$$\mathrm{d}V = V\beta\mathrm{d}T \tag{4-29}$$

将式(4-24)至式(4-28)中的 $\mathrm{d}V_{\text{solid}}$ 和 $\mathrm{d}V$ 线性叠加,代入下式:

$$\mathrm{d}V = \mathrm{d}V_{\text{fluid}} + \mathrm{d}V_{\text{solid}} \tag{4-30}$$

整理可得:

$\mathrm{d}V_{\text{fluid}} = \mathrm{d}V - \mathrm{d}V_{\text{soilid}}$

$$= V\left\{\frac{n}{K_s}\mathrm{d}p + \frac{1}{3}\left(\frac{1}{K_D} - \frac{1}{K_s}\right)\mathrm{d}\sigma_{kk}{}' + \left[\beta - (1-n)\beta_s\right]\mathrm{d}T\right\} \tag{4-31}$$

定义 $\mathrm{d}n$ 为:

$$\mathrm{d}n = \frac{n}{K_s}\mathrm{d}p + \frac{1}{3}\left(\frac{1}{K_D} - \frac{1}{K_s}\right)\mathrm{d}\sigma'_{kk} + \left[\beta - (1-n)\beta_s\right]\mathrm{d}T \tag{4-32}$$

由式(4-12)可知:

$$\mathrm{d}\sigma_{kk}{}' = (2G + 3\lambda)e_{kk} - 3\beta K_D T + 3\alpha p$$

$$= 3K_{\mathrm{D}}\left(\mathrm{d}e_{kk} - \frac{\mathrm{d}p}{K_{\mathrm{s}}} - \beta\mathrm{d}T\right) \tag{4-33}$$

将式(4-33)代入式(4-32)，整理可得：

$$\mathrm{d}n = \frac{n-\alpha}{K_{\mathrm{s}}}\mathrm{d}p + \alpha\mathrm{d}e_{kk} + \left[(1-\alpha)\beta - (1-n)\beta_{\mathrm{s}}\right]\mathrm{d}T \tag{4-34}$$

将式(4-23)、式(4-34)代入式(4-22)，整理可得：

$$\frac{\partial}{\partial t}(n\rho_{\mathrm{fluid}}) = \rho_{\mathrm{fluid}}\left\{ \begin{array}{l} -\left(\dfrac{n}{K_{\mathrm{fluid}}} - \dfrac{n}{K_{\mathrm{solid}}} + \dfrac{\alpha}{K_{\mathrm{solid}}}\right)\dfrac{\partial p}{\partial t} + \\[3mm] \alpha\dfrac{\partial e_{kk}}{\partial t} + \left[(1-\alpha)\beta - (1-n)\beta_{\mathrm{solid}} - n\beta_{\mathrm{fluid}}\right]\dfrac{\partial T}{\partial t} \end{array} \right\} \tag{4-35}$$

因为流体的密度与坐标系无关，故式(4-21)右端可以写成：

$$\frac{\partial}{\partial x_i}\left[\rho_{\mathrm{fluid}}n(\boldsymbol{v}_{\mathrm{fluid}} - \boldsymbol{v}_{\mathrm{solid}})\right] = \rho_{\mathrm{fluid}}\frac{\partial}{\partial x_i}\left[n(\boldsymbol{v}_{\mathrm{fluid}} - \boldsymbol{v}_{\mathrm{solid}})\right] \tag{4-36}$$

4.2.2.2　运动方程(饱和-非饱和流动 Darcy 定律)

根据饱和-非饱和 Darcy 定律：

$$\boldsymbol{v}_{\mathrm{fluid}} - \boldsymbol{v}_{\mathrm{solid}} = \boldsymbol{q} = -\frac{\kappa_{\mathrm{s}}}{\eta}k_r\,\nabla(p + \rho_{\mathrm{fluid}}gz) \tag{4-37}$$

式中　κ_{s}——渗透介质固有渗透率；

η——流体动力黏度；

k_r——流体相对渗透率；

ρ_{fluid}——流体密度。

4.2.2.3　控制方程

将式(4-35)、式(4-36)、式(4-37)代入式(4-21)，整理可得：

$$\frac{\partial}{\partial x_i}\left[-\frac{n\kappa_{\mathrm{s}}}{\eta}k_r\,\nabla(p + \rho_{\mathrm{fluid}}gz)\right] =$$

$$\left\{\alpha\frac{\partial e_{kk}}{\partial t} + \left[(1-\alpha)\beta - (1-n)\beta_{\mathrm{solid}} - n\beta_{\mathrm{fluid}}\right]\frac{\partial T}{\partial t} - \left(\frac{n}{K_{\mathrm{fluid}}} - \frac{n}{K_{\mathrm{solid}}} + \frac{\alpha}{K_{\mathrm{solid}}}\right)\frac{\partial p}{\partial t}\right\}$$
$$\tag{4-38}$$

式(4-38)即温度场与变形场共同作用下多孔介质渗流场的控制方程。方程中等号右边前两项分别反映变形场、温度场对渗流场的耦合作用。

4.2.3　冻融循环尾矿坝温度场方程

4.2.3.1　流体的热平衡方程

在 $\mathrm{d}t$ 时间段内引起单元体中流体温度变化的主要作用有：① 流体运动引起的热对流作用；② 流体内部的热传导作用；③ 固体骨架与流体之间的热交换作用。

（1）流体运动时的热对流作用

热对流是指流体的宏观运动使其各部分发生相对位移,冷热流体掺混所引起的热量传递过程。热对流现象仅存在于流体中,且由于流体分子存在不规则的热运动,故热对流必然伴随有导热现象。

dt 时间内由于热对流作用流入和流出单元体中流体的热量差为:

$$- n\rho_{\text{fluid}} C_{\text{fluid}} \nabla(T\boldsymbol{v}_{\text{relative}}) = \rho_{\text{fluid}} C_{\text{fluid}} \nabla \cdot \left[T \frac{k}{\mu_{\text{fluid}}(T)} (\nabla p + \rho_{\text{fluid}} g \nabla z) \right]$$

(4-39)

式中　C_{fluid}——流体的比热;

　　　T——温度;

　　　$\boldsymbol{v}_{\text{relative}}$——流体相对于固体骨架的速度。

（2）热传导作用

热传导是指热量在物体内高温部分与低温部分之间的传递。热传导过程发生在分子级。物体各部分之间不发生相对位移时,依靠分子、原子、自由电子等微观粒子的热运动而产生的热量传递称为热传导(或导热)。

热流密度 q(垂直于热流方向上单位面积所传递的热量)与温度梯度成正比,即傅立叶导热定律。因此,dt 时间内流体由于热传导作用流出和流入单元体的热量差为 $n \nabla \cdot (\lambda_{\text{fluid}} \nabla T) dx dy dz dt$,$\lambda_{\text{fluid}}$ 为流体的导热系数。

上述两种作用所引起的流体热量变化的总和使得流体在 dt 时间内温度变化 dT,使得体积为 $n dx dy dz$ 的流体温度变化 dT 时所需要的热量为 $\rho_{\text{fluid}} C_{\text{fluid}} n dx dy dz dT$。

根据能量守恒定理,$\rho_{\text{fluid}} C_{\text{fluid}} n dx dy dz dT$ 应等于上述两种作用所引起的流体热量变化的总和,由此可得到流体的热平衡方程:

$$n\rho_{\text{fluid}} C_{\text{fluid}} \frac{\partial T}{\partial t} = \nabla \cdot (n\lambda_{\text{fluid}} \nabla T) + \rho_{\text{fluid}} C_{\text{fluid}} \nabla \cdot \left[T \frac{k}{\mu_f(T)} (\nabla p + \rho_{\text{fluid}} g \nabla z) \right]$$

(4-40)

4.2.3.2　固体骨架的热平衡方程

在 dt 时间内引起单元体内固体骨架温度变化的主要作用为固体骨架的热传导作用。参照流体热平衡方程的推导方法,可得到固体骨架的热平衡方程:

$$(1-n)\rho_{\text{solid}} C_{\text{solid}} \frac{\partial T}{\partial t} = \nabla \cdot [(1-n)\lambda_{\text{solid}} \nabla T]$$

(4-41)

4.2.3.3　热源汇项

（1）热弹性耦合项

固体骨架的变形会影响尾矿坝内部的温度场分布。热弹性耦合项为:

$$Q_{h-e} = -(1-n)T_{\oplus}\beta\frac{\partial\varepsilon_V}{\partial t} \tag{4-42}$$

式中　$T_{\oplus}$——流体与岩石骨架的绝对温度。

（2）流体的黏性耗散

黏性耗散的物理本质是系统中黏性力所做的功一部分转化为热量。对多孔介质的热量传递而言，由于固体骨架的表面积较大，因此使得其与流体之间具有较大的接触面积，故使得黏性力所做的功大幅增加，黏性耗散的影响增大。Mary Bejan 认为：多孔介质中的黏性耗散能量等于将多孔介质中的流体挤压出来所需做的机械功。单位体积内由于黏性耗散作用所产生的热量值（黏性耗散发热率）为：

$$Q_{fv} = \frac{n\mu_{fluid}}{k}v \cdot v + \frac{nF\rho_{fluid}}{\sqrt{k}}v \cdot |v| \cdot v \tag{4-43}$$

式中　k——多孔介质的渗透率；

F——常数，$F = \dfrac{b}{\sqrt{a^2 n^{2/3}}}$（$a$、$b$ 为经验常数）。

（3）流体的可逆变形引起的能量变化

流体为各向同性弹性体，其可逆变形所引起的单元体内能量的变化为：

$$Q_{f-p} = -T_{\oplus}\frac{\beta_{fluid}}{c_{fluid}}\nabla \cdot v \tag{4-44}$$

式中　c_{fluid}——流体的体积压缩系数。

4.2.3.4　控制方程

将流体热平衡方程式（4-40）、固体骨架热平衡方程式（4-41）及热源汇项式（4-42）至式（4-44）相加可得温度场控制方程：

$$\left[n\rho_{fluid}C_{fluid} + (1-n)\rho_{solid}C_{solid}\right]\frac{\partial T}{\partial t} =$$

$$\nabla \cdot (\lambda_M \nabla T) + \rho_{fluid}C_{fluid}\nabla \cdot \left[T\frac{k}{\mu_{fluid}(T)}(\nabla p + \rho_{fluid}g\nabla z)\right] -$$

$$(1-n)T_{\oplus}\beta\frac{\partial\varepsilon_V}{\partial t} + Q_{fv} + Q_{f-p} \tag{4-45}$$

式中　λ_M——多孔介质的等效导热系数，$\lambda_M = \left[n\lambda_{fluid} + (1-n)\lambda_{solid}\right]$，W/(mh·℃)；

其余符号同前。

式中等号右边第二、三项分别反映渗流场、变形场对温度场的耦合作用。

要想解决热应力问题则需要重新构造增量应力-应变的关系，还需将总应变增量引起的温度变化部分去除，并且剪应变的增量也不会受到影响。与自由膨胀相对应的温度增量 ΔT 相关的热应变增量为：

$$\Delta \varepsilon_{ij} = \alpha_t \Delta T \delta_{ij} \tag{4-46}$$

式中　α_t——线性热膨胀系数，$1/\text{℃}$；

　　　δ_{ij}——克罗内克符号。

应变速率和运动微分方程在热力学中是不变的。

4.2.4　尾矿坝水-热-力耦合模型的建立

尾矿坝冻融循环变形，涉及坝体中水的相变，即水与冰之间的转变。相变问题属于瞬态热分析，具有一些独特的地方，其中一个特点是在一定范围内存在一个随时间移动的两相分界面，在相变过程中界面上的吸热和放热则是在相变非线性分析过程中所要考虑的重要因素，也就是说，这个界面问题实质上是一个移动的界面问题，并且冻结的尾矿砂中冰含量也会对相变导热特性产生一定的影响。

非线性热传导分析因为存在相变而导致其非线性程度大幅提高，为了更直接计算相变问题，把相变区域大致分为两个部分——固相区 V_s 和液相区 V_1，两个区域之间由相变界面分隔。在相变分析中，相变界面的位置通常采用 $S(t)$ 表示，其表示的是相变界面位置随时间变化。固相区和液相区都有各自的温度场和物理参数，固相区 V_s 内的参数有 T_s、ρ_s、k_s、α_s 等，液相区 V_1 内的参数有 T_1、ρ_1、k_1、α_1 等，两个区域的导热方程可以分别用以下两个方程来表示：

$$\rho_s c_s \frac{\partial T}{\partial t} = \nabla(k_s \nabla T_s) + Q_s \quad (V_s \text{ 内}) \tag{4-47}$$

$$\rho_1 c_1 \frac{\partial T}{\partial t} = \nabla(k_1 \nabla T_1) + Q_1 \quad (V_1 \text{ 内}) \tag{4-48}$$

式中，下角标 s 和 l 分别表示固相和液相。

由于 V_1 大量存在，大幅增大了问题的求解难度，但是在工程中遇到的许多类似问题都可以将 V_1 的影响忽略掉，这样可以使计算大幅降低。

相变界面是相变问题所特有的，其他问题并不具备，因为两个区域的状态不同，所以两个区域的温度不同，但是在相变界面上温度会发生耦合，要想使温度耦合，首先要满足温度连续性条件。

在相变界面上：

$$T_m = T_s[S(t), t] = T_1[S(t), t] \tag{4-49}$$

除此之外，还要考虑潜热作用，此时在相变界面上还应满足能量守恒定律：

$$q_1 - q_s = R \tag{4-50}$$

式中　$q_1 = -k_1 \dfrac{\partial T_1}{\partial n}$；

$$q_s = -k_s \frac{\partial T_s}{\partial n};$$

n——相变界面法向。

相变潜热项：

$$R = l\rho \frac{\mathrm{d}S(t)}{\mathrm{d}t} \tag{4-51}$$

综上所述，冻融循环作用下尾矿坝水-热-力耦合模型的基本方程由式(4-17)、式(4-38)和式(4-45)构成。其中基本变量为孔隙水压力、应变和温度，初始边界温度条件和物理参数都需要结合模型试验，然后通过拟合确定。

4.2.5 尾矿坝水-热-力耦合模型的定解条件

4.2.5.1 边界条件

（1）位移场边界条件

① 位移边界条件：给定边界上的位移；

② 应力边界条件：给定边界上的应力；

③ 混合边界条件：给定边界上的位移与应力。

工程中常用的位移边界条件为：底面固定，顶面自由，两侧竖直边横向位移为 0，纵向自由。

（2）渗流场边界条件

① Dirichlet 边界条件：适用于边界上孔隙水压力分布已知的情况；

② Neumann 边界条件：适用于边界上流量分布已知的情况；

③ Cauchy 边界条件：适用于边界上孔隙水压力及流量分布均已知的情况。

此外，潜水面（即自由面）边界又可分为无入渗补给的稳定潜水面、无入渗补给的非稳定潜水面、有入渗补给的稳定潜水面、有入渗补给的非稳定潜水面。

工程中常用的渗流场边界条件为：底边及两侧竖直边为 Neumann 边界，流量取 0，顶部为 Dirichlet 边界。

（3）温度场边界条件

① Dirichlet 边界条件：适用于边界上温度分布已知的情况；

② Neumann 边界条件：适用于边界上热流密度分布已知的情况；

③ Cauchy 边界条件：适用于边界上温度及热流密度分布均已知的情况。

工程中常用的温度场边界条件为：地表为 Dirichlet 边界；两侧竖直边为 Neumann 边界，热流密度为 0，即绝热边界；底边或可选择 Dirichlet 边界，温度取当地的年恒温带温度；或可选择 Neumann 边界，取当地的大地热流值。

4.2.5.2　初始条件

（1）位移场边界条件

一般假设初始时刻位移为0,应力场常取自重应力场。

（2）渗流场边界条件

给定初始时刻研究区域内部各点的孔隙压力分布。

（3）温度场边界条件

给定初始时刻研究区域内各点的温度分布。

4.3　冻融循环作用下尾矿坝水-热-力耦合模型的数值实现

对于尾矿砂冻融循环以后力学性质的研究,目前大多数采用室内试验,且主要集中在物理、水理及力学性质的变化方面,涉及物理力学参数的演化规律。本章将在前文基础上,探讨其强度在经历冻融循环后的变化规律,通过引入反映冻融循环的相关参数,建立冻融循环作用下的尾矿砂计算模型。

4.3.1　尾矿砂冻融循环计算模型

尾矿砂在荷载的作用下由弹性状态过渡到塑性状态称为屈服。而屈服条件是指某一点开始产生塑性应变时应力、应变所满足的条件。尾矿砂的屈服面主要有剪切屈服面和体积屈服面,常见的是两者组合而成的双屈服面,即塑性剪应变和塑性体应变为硬化参量。常用的双屈服面的屈服函数表达式为:

$$f_1 = p^2 + r^2 q^2 \tag{4-52}$$

$$f_2 = q^s/p \tag{4-53}$$

式中　r,s——参数;

　　　p——平均主应力;

　　　q——偏应力。

考虑冻融循环作用的双屈服面本构模型是由常丹根据冻融循环作用下砂土室内三轴试验规律提出的,该模型考虑了冻融循环作用下砂土体积硬化和剪切硬化。

在应力平面 p-q 中,绘制不同冻融循环次数时砂土的塑性体应变的试验应力屈服轨迹,通过拟合可得到体积屈服函数,其表达式为:

$$f_{vn}(p,q,h_{vn}) = p^2 + r^2 q^2 - h_{vn} p_a^2 = 0 \tag{4-54}$$

式中　h_{vn}——体积硬化参数,与塑性体应变及冻融循环次数有关;

r——参数,按椭圆的形状根据试验结果得出的屈服轨迹,取 $r=2$。

体积硬化参数 h_{vn} 与冻融循环次数 n 的关系式为:

$$h_{vn} = -\frac{1}{D_n}\ln(1-\frac{\varepsilon_v^p}{W_n}) \tag{4-55}$$

式中　W_n,D_n——材料参数;

　　　W_n——静水压力作用下的最大塑性体应变。

对于冻融后的塑性剪切屈服面,在应力平面 p-q 中绘制不同冻融循环次数时砂土的塑性剪应变的试验应力屈服轨迹,采用线性函数作为砂土的剪切屈服函数,其表达式为:

$$f_{sn}(p,q,h_{sn}) = q - h_{sn}p = 0 \tag{4-56}$$

式中　h_{sn}——剪切硬化参数,与塑性剪应变及冻融循环次数有关。

不同冻融循环次数时,剪切硬化参数 h_{sn} 与塑性剪应变的关系曲线呈双曲线形状,其表达式为:

$$h_{sn} = \frac{\varepsilon_s^p}{A_n\varepsilon_s^p + B_n} \tag{4-57}$$

式中　A_n,B_n——与冻融循环次数 n 有关,其表达式可通过三轴试验结果拟合得到。

4.3.2　尾矿砂冻融循环模型的求解

4.3.2.1　数学模型的求解步骤

① 确定冻融循环次数。确定冻融循环次数的目的是确定材料参数 D_n 及 A_n、B_n。

② 在确定 A_n、B_n 的基础上,确定体积硬化参数和剪切硬化参数。

4.3.2.2　数学模型的求解方法

计算中一定冻融循环次数时尾矿砂体积屈服函数、剪切屈服函数、尾矿砂冻融循环后力学参数分析都是由数值模拟完成的。通常有以下两种方法:

(1)编制程序

有限元程序的编制通过计算机语言来完成。这种方法具有其独特的优点,可以自行选用合适的迭代方法和本构模型,但其缺点是编制出的程序一般不能通用,只能在边界条件下进行简单计算,且前、后处理比较麻烦,费时费力,甚至还需借助其他有限元程序才能完成。

(2)二次开发现有商业软件

如今信息发达,很多商业软件都开发了用户自定义的本构模型二次开发功能,也就是在现有软件的基础上可以将自己的本构模型添加到软件中,这样既可以选用合适的本构模型进行迭代计算,又能发挥软件原有的前、后处理系统和处理复杂边界条件等功能。这种方法的优点:编程的工作量小、调试简单、易操作、工作效率高等。

本书采用第二种方法进行求解。

4.3.3 尾矿砂冻融循环模型的软件实现

FLAC 是美国 ITASCA 咨询集团公司研制开发的岩土工程专业数值分析软件,其基于连续介质显式拉格朗日差分法,对非线性大变形问题的求解非常适用,FLAC^{3D} 是其三维有限差分程序。20 世纪 90 年代初中国引进了此软件,主要应用于岩土工程分析,例如:水利枢纽岩体稳定性分析、矿体滑坡和采矿巷道稳定性分析等。FLAC^{3D} 自身携有大量本构模型,更重要的是它能允许用户自己定义本构模型。FLAC^{3D} 是采用 C++语言编写而成的,其所有提供给用户的本构模型都是动态链接库文件(.dll 文件)形式,在计算时主程序会自动调用用户指定的本构模型动态链接库文件。FLAC^{3D} 3.0 版本中的用户自定义本构模型通过 Visual Studio 2005 版本编译才能由主程序调用执行。

FLAC^{3D} 二次开发的主要工作包括编写和修改.h 文件和.cpp 文件。头文件是一种包含数据接口声明和功能函数的载体文件,首先定义公共部分,用于声明保存程序,在函数库和用户应用程序之间起纽带作用。公共部分主要包括类的注册、编号和虚函数等信息。其中,ModelNum(枚举函数)定义了模型的编号,本次模型开发中模型编号为 311,且重载的分类名定义为 Tailing double yield model,Tailing double yield model。头文件中定义了两类私有变量:一类是模型本身所需要的特性参数,本次双屈服面模型开发中主要定义了剪切模量、泊松比、体积屈服面形状参数、表征剪切及体积硬化特性的参数、冻融循环次数及冻融损伤有关参数;另一类是模型计算过程中所用到的中间变量,如塑性因子、平均主应力、偏应力等参数。源文件用于保存程序的实现,是具体的实现代码。将编写好的头文件 Tailing double yield model.h 和源文件 Tailing double yield model.cpp 导入程序文件中,然后经过编译和链接,即形成冻融尾矿砂双屈服面模型的动态链接库文件 Tailing double yield model.dll。

根据常丹修改 Finn 模型的方法,联系前文的试验结果,在已有模型的基础上增添了冻融循环后尾矿砂物理力学特性计算模块,求解一定冻融循环次数下尾矿砂的体积屈服函数和剪切屈服函数的流程如图 4-1 所示。

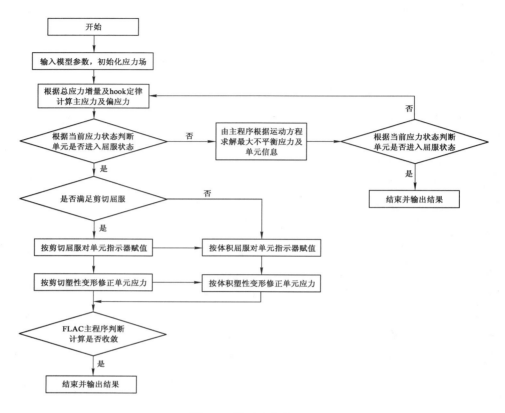

图 4-1　模型开发流程图

4.4　冻融循环作用下尾矿坝水-热-力耦合模型的验证

为了验证计算模型的正确性和适用性,基于尾矿坝冻融循环计算模型,开展冻融循环模型试验进行尾矿坝各级子坝位移及应力变化规律研究,分析数值计算与试验结果异同的原因,为下一步研究工作打下基础。

4.4.1　验证模型的建立

为了检验冻融循环作用下尾矿坝水-热-力耦合模型的可行性及其正确性,以第 3 章中冻融循环作用下尾矿坝位移和应力监测结果为基础进行全面验证。根据实际模型的试验条件选择数值模型的尺寸和材料参数,第 3 章具体介绍了模型的相关参数和试验条件。模拟模型试验中不同的工况及试验条件,用来建立三维数值分析模型,如图 4-2 所示。经过计算得出冻融循环作用下各级子坝位移和应力随冻融循环次数的变化。尾矿砂力学参数见表 4-1。

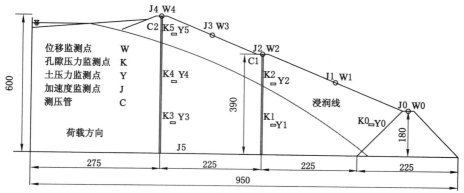

（a）几何模型

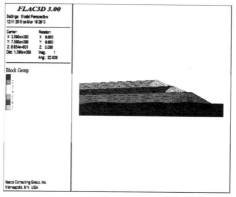

（b）数值模拟模型

图 4-2　模型图（单位:mm）

表 4-1　尾矿砂力学参数表

名称	密度 /(kg/m³)	黏聚力 /kPa	内摩擦角 /(°)	动弹性模量 /MPa	动泊松比	动剪切模量 /MPa
一级坝材料	1 780	20	28	201.354	0.41	160
二级坝材料	1 750	10	30	205.279	0.41	170
尾矿砂	1710	10	36	124.576	0.41	44.071
坝基材料	2 400	400	38	500.237	0.38	196.6

4.4.2 尾矿坝冻融循环变形场和应力场验证

通过对 3.1 节冻融循环作用下尾矿坝位移及应力变化规律进行数值分析，将计算结果与试验结果进行对比分析，对模型的正确性进行验证。

图 4-3 为尾矿坝位移的监测结果与试验结果的对比。由图 4-3 可知：计算结果与试验结果的变化趋势大致相同，在数值上，计算结果大于试验结果，原因是试验中各级子坝位移独立性较强，相互影响较弱，并且冻融循环过程中存在热能扩散，导致试验中冻结位移相较于数值计算小。

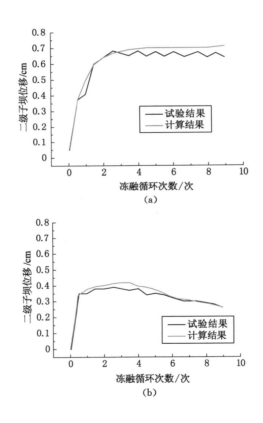

图 4-3　冻融循环作用下各级子坝位移对比

图 4-4 为各级坝应力计算结果与试验结果的比较。由图 4-4 可知：计算结果和试验结果的变化趋势大致相同，而且数值计算结果呈现更好的规律性，更有利于研究冻融循环作用下尾矿坝变形规律。这是由于试验中的边界条件与现场

边界条件有所不同。现场自然环境中,受干扰影响因素较多,而实验室中的边界条件相对比较单一。因此,可以说明计算所得应力变化规律是正确的,冻融循环作用下尾矿砂的计算模型是合理的,也进一步说明考虑冻融循环作用下尾矿坝水-热-力耦合模型可以用于季节性冻土区尾矿坝的应力和变形的变化规律研究,为后续计算奠定基础。

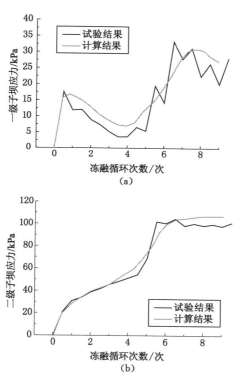

图 4-4　冻融循环作用下各级子坝应力对比

5 冻融循环作用下尾矿坝变形特性数值模拟研究

随着大型商业化程序的不断完善和计算机性能的不断提高,数值计算方法已成为解决工程实际中岩土问题的有效手段。由于数值计算方法可以很好地解决试验技术不成熟且无法试验的难点以及克服重复试验难度高、成本大的困难,因此,用数值计算方法对尾矿坝在冻融循环作用下的变形分析是可行的、必要的。

5.1 尾矿坝冻融分析模型建立

尾矿坝是一个具有高势能的人造泥石流危险源,由于其结构复杂,需要考虑的因素众多,难以进行现场试验和超前预见性分析。因此采用数值计算方法对冻融循环作用下尾矿坝变形特性进行分析,既可以模拟分析冻融循环过程中尾矿坝的温度场分布规律,又可以对尾矿坝的永久变形进行计算,可以准确分析尾矿坝的变形规律,为尾矿坝安全提供有力保障。

5.1.1 尾矿坝冻融分析计算模型建立

本模型根据实际工况和材料参数,按现场资料中所给出的平面图和剖面图进行部分简化后建立三维模型。在模型中,尾矿坝按照不同材料分为 8 层,采用 8 节点六面体单元。网格剖分情况如图 5-1 所示,模型尺寸:1 300 m(长)×1 400 m(宽)×255 m(高),其中 x 轴方向范围(-100,1 200),y 轴方向范围(-700,700),z 轴方向范围(150,405)。模型尺寸单位为 m,共有 214 070 个单元,41 487个节点。分别在初期坝和子坝坝顶处及一级子坝底部设置监测点。

5.1.2 尾矿坝冻融分析计算方案设计

为了分析冻融循环温度梯度对尾矿坝变形规律的影响,设计了 5 种工况(表 5-1),研究了不同冻融循环温度梯度作用下尾矿坝的变形规律。

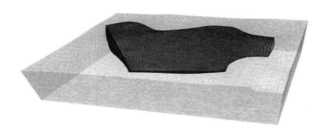

图 5-1 模型图

表 5-1 计算工况表

工况	冻融循环降温梯度/℃	初始温度/℃
1	-5	25
2	-15	25
3	-25	25
4	-35	25
5	-45	25

5.1.3 尾矿坝冻融分析计算模型参数选取

通过现场试验和实验室试验测试尾矿砂计算参数,测试结果见表 5-2。

表 5-2 物理力学计算参数

名称	天然重度 γ/(kN/m³)	浮重度 γ_m/(kN/m³)	水上		水下	
			C/kPa	φ/(°)	C/kPa	φ/(°)
初期坝材料	18.0	10.0	0	28	0	27
尾细砂	17.5	9.6	0	26.5	0	24.6
尾粉土 1	16.9	9.2	20	24.6	15	22.1
尾粉土 2	16.7	9.2	20	24.8	15	21.9
尾粉土 3	16.5	9.2	20	24.8	15	22.3
尾粉土 4	14.6	7.9	30	21.6	25	17.6
废石土	20.5	12.0	10	29	5	26
基岩	24.00	24.00	30	38	30	38

边界条件包括应力边界条件和位移边界条件,应力边界条件通过设置外荷载实现,位移边界条件通过设置模型边界约束实现。

在水平方向上，x 轴，y 轴方向的边界上分别关闭 x-Translation 和 y-Translation 自由度，以模拟远距离边界没有位移；垂直方向上，模型下表面边界关闭 z-Translation 自由度，以模拟深层土体没有竖直方向的位移。

5.2 冻融循环作用下尾矿坝最大冻结深度

根据计算结果，对冻融循环作用下尾矿坝的变形进行分析，主要分析尾矿坝最大冻结深度的变化。根据计算结果识别尾矿坝的冻结深度分布，各工况的最大冻结深度见表 5-3，为方便描述整个冻融循环过程中的最大冻结深度的变化，通过冻融循环作用下尾矿坝最大冻结深度变化曲线（图 5-2）进一步展示。

表 5-3 各工况的最大冻结深度   单位：m

冻融循环次数/次	工况 1	工况 2	工况 3	工况 4	工况 5
1	0.82	0.98	1.07	1.25	1.32
2	1.33	1.42	1.49	1.53	1.57
3	1.90	1.95	1.99	2.07	2.11
4	2.53	2.57	2.59	2.65	2.70
5	2.78	2.83	2.89	2.92	2.97
6	3.10	3.18	3.24	3.35	3.41
7	3.64	3.69	3.70	3.75	3.82
8	3.78	3.82	3.84	3.87	3.92

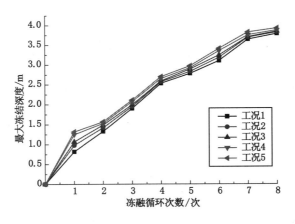

图 5-2 冻融循环作用下尾矿坝最大冻结深度变化曲线

尾矿坝在冻融循环过程中最大冻结深度均小于 4 m,其中工况 5(降温梯度为－45 ℃)的最大冻结深度为 3.92 m,最小为工况 1(降温梯度为－5 ℃)的最大冻结深度为 3.78 m。就各工况而言,降温梯度越大,冻结深度越深,但是各个点的最大冻结深度差别不大。

5.3 冻融循环作用下尾矿坝位移场

尾矿坝在冻融循环过程中,一方面因为热胀冷缩产生不可恢复的变形;另一方面受到温度应力的影响会改变冻结部分尾矿砂的孔隙率,进而引发水分迁移,迫使尾矿坝内的水分重新分布,从而对尾矿坝的安全不利。本节分析冻融循环作用下尾矿坝在水平方向和竖直方向的位移变化规律。

5.3.1 尾矿坝水平方向位移

5.3.1.1 水平方向位移数值模拟结果

(1)－5 ℃降温梯度作用下的尾矿坝水平方向位移分布

根据数值模拟结果,对 8 次冻融循环过程中水平方向位移的演化规律进行整体描述,如图 5-3 所示。

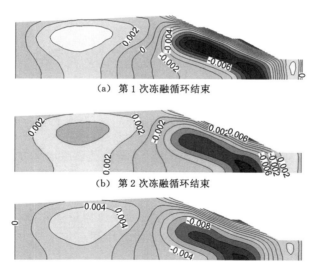

(a) 第 1 次冻融循环结束

(b) 第 2 次冻融循环结束

(c) 第 3 次冻融循环结束

图 5-3 －5 ℃降温梯度作用下尾矿坝的水平方向位移云图(单位:m)

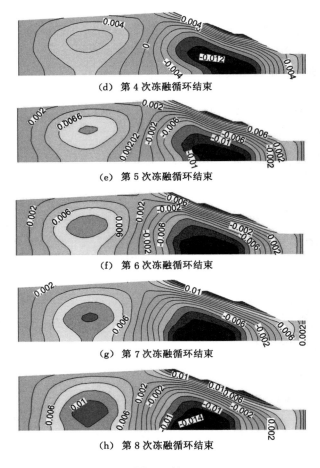

(d) 第 4 次冻融循环结束

(e) 第 5 次冻融循环结束

(f) 第 6 次冻融循环结束

(g) 第 7 次冻融循环结束

(h) 第 8 次冻融循环结束

图 5-3(续)

由图 5-3 可知:−5 ℃降温梯度作用下,冻融循环后水平方向位移最大值出现在初期坝处,在远离尾矿坝临空面处,水平方向位移极小,位移分布大致呈现圆弧状。

(2) −15 ℃降温梯度作用下尾矿坝的水平方向位移分布

根据数值分析结果,对 8 次冻融循环过程中尾矿坝水平方向位移的演化规律进行整体描述,如图 5-4 所示。

由图 5-4 可知:在冻融循环作用下整个尾矿坝的水平方向位移呈现前端大后端小的分布状态,其主要原因是前端处于自由表面,尾矿坝冻融循环过程中,受力状态可以简化为由约束面法线方向到自由面发展,故水平方向位移呈现由约束端(即边界条件施加端)向自由面发展的趋势。

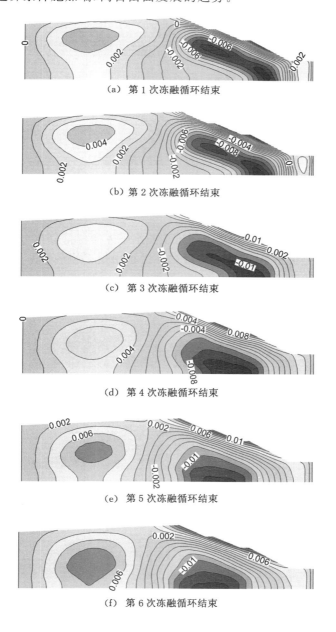

（a）第 1 次冻融循环结束

（b）第 2 次冻融循环结束

（c）第 3 次冻融循环结束

（d）第 4 次冻融循环结束

（e）第 5 次冻融循环结束

（f）第 6 次冻融循环结束

图 5-4　-15 ℃降温梯度作用下尾矿坝的水平方向位移云图(单位:m)

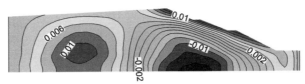

（g）第 7 次冻融循环结束

（h）第 8 次冻融循环结束

图 5-4（续）

（3）－25 ℃降温梯度作用下尾矿坝的水平方向位移分布

根据数值分析结果，对 8 次冻融循环过程中尾矿坝的水平方向位移的演化规律进行整体描述，如图 5-5 所示。

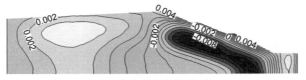

（a）第 1 次冻融循环结束

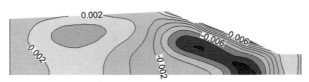

（b）第 2 次冻融循环结束

（c）第 3 次冻融循环结束

图 5-5 －25 ℃降温梯度作用下尾矿坝的水平方向位移云图（单位：m）

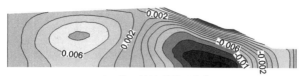

（d）　第 4 次冻融循环结束

（e）　第 5 次冻融循环结束

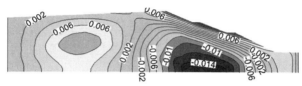

（f）　第 6 次冻融循环结束

（g）　第 7 次冻融循环结束

（h）　第 8 次冻融循环结束

图 5-5（续）

由图 5-5 可知：在冻融循环作用下整个尾矿坝的位移主要分布于子坝坝顶至初期坝位置，这是由于干滩处受到的静水压力小于水面，蓄水区域常年受到水压力影响，相对密实，压实系数高，不易产生水平方向变形。

（4）－35 ℃降温梯度作用下尾矿坝的水平方向位移分布

根据数值分析结果，对 8 次冻融循环过程中尾矿坝水平方向位移的演化规律进行整体描述，如图 5-6 所示。

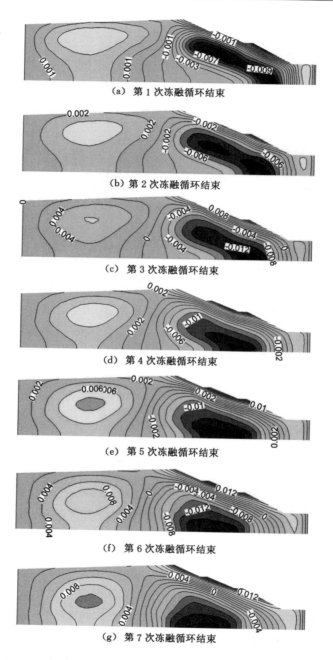

（a）第 1 次冻融循环结束

（b）第 2 次冻融循环结束

（c）第 3 次冻融循环结束

（d）第 4 次冻融循环结束

（e）第 5 次冻融循环结束

（f）第 6 次冻融循环结束

（g）第 7 次冻融循环结束

图 5-6　−35 ℃降温梯度作用下尾矿坝的水平方向位移云图（单位：m）

（h） 第 8 次冻融循环结束

图 5-6（续）

由图 5-6 可知：在冻融循环作用下尾矿坝的最大位移位置是变化的。随着冻融循环次数增加，最大位移位置从一级子坝、二级子坝逐渐过渡到初期坝，说明最大位移位置在冻融循环过程中下移，整个过程中由于冻结深度变化，裸露面底部受到多方向冻结效应的叠加影响。

（5） -45 ℃降温梯度作用下尾矿坝的水平方向位移分布

根据数值分析结果，对 8 次冻融循环过程中尾矿坝水平方向位移的演化规律进行整体描述，如图 5-7 所示。

（a） 第 1 次冻融循环结束

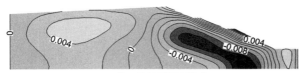

（b） 第 2 次冻融循环结束

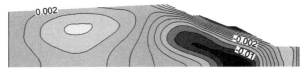

（c） 第 3 次冻融循环结束

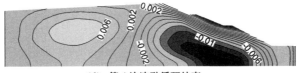

（d） 第 4 次冻融循环结束

图 5-7 -45 ℃降温梯度作用下尾矿坝的水平方向位移云图（单位：m）

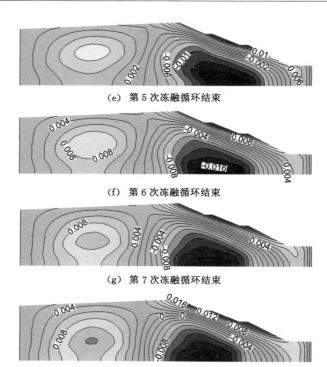

(e) 第 5 次冻融循环结束

(f) 第 6 次冻融循环结束

(g) 第 7 次冻融循环结束

（h) 第 8 次冻融循环结束

图 5-7（续）

由图 5-7 可知：在冻融循环作用下尾矿坝基岩的水平方向位移小，基岩水平位移存在分级现象。前段基岩的位移小，是因为该部分基岩深埋，并且冻结效应不能对其产生较大的影响。后端基岩的位移大于前端，是因为该部分基岩有一部分处于冻结深度以内，并且上部尾矿坝的变形大，能够小范围影响基岩。

5.3.1.2　水平方向位移数值模拟结果分析

根据 4 个监测点的水平方向位移监测结果绘制曲线，如图 5-8 所示。

在整个冻融循环过程中，水平方向位移的增长呈现先急速增大，后逐步趋于稳定的变化趋势，在不同的降温梯度作用下监测点的位移变化存在一定的差异，说明尾矿坝的水平方向位移变化非线性。

5.3.2　尾矿坝竖直方向位移

5.3.2.1　竖直方向位移数值分析结果

（1）−5 ℃降温梯度作用下的尾矿坝竖直方向位移分布

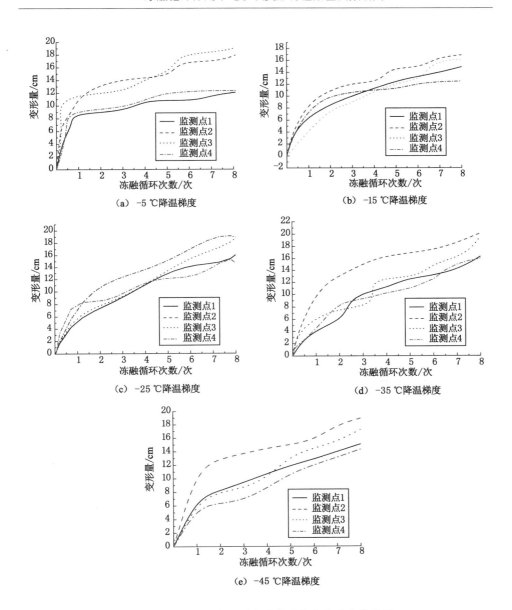

（a）-5 ℃降温梯度

（b）-15 ℃降温梯度

（c）-25 ℃降温梯度

（d）-35 ℃降温梯度

（e）-45 ℃降温梯度

图 5-8　尾矿坝 4 个监测点处水平方向位移变化曲线

　　根据数值分析结果，对 8 次冻融循环过程中尾矿坝竖直方向位移的演化规律进行整体描述，如图 5-9 所示。

　　根据图 5-9 所示结果，在冻融循环作用下尾矿坝竖直方向位移变化呈现与整

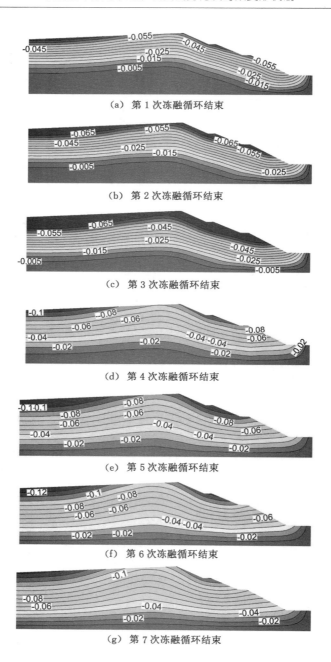

(a) 第 1 次冻融循环结束

(b) 第 2 次冻融循环结束

(c) 第 3 次冻融循环结束

(d) 第 4 次冻融循环结束

(e) 第 5 次冻融循环结束

(f) 第 6 次冻融循环结束

(g) 第 7 次冻融循环结束

图 5-9 -5 ℃降温梯度作用下尾矿坝的竖直方向位移云图(单位:m)

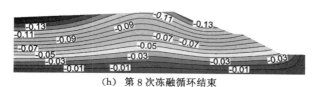

（h）第 8 次冻融循环结束

图 5-9（续）

个尾矿坝类似的等值线分布状态,说明尾矿坝中的尾矿砂冻融特性差异性不大。

（2）－15 ℃降温梯度作用下尾矿坝的竖直方向位移分布

根据数值分析结果,对 8 次冻融循环过程中尾矿坝竖直方向位移的演化规律进行整体描述,如图 5-10 所示。

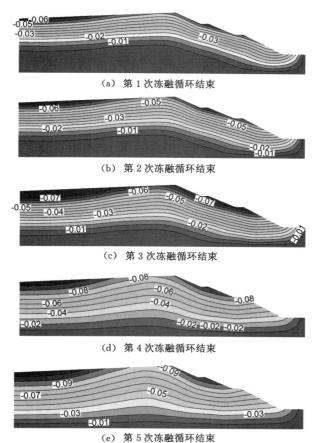

（a）第 1 次冻融循环结束

（b）第 2 次冻融循环结束

（c）第 3 次冻融循环结束

（d）第 4 次冻融循环结束

（e）第 5 次冻融循环结束

图 5-10　－15 ℃降温梯度作用下尾矿坝的竖直方向位移云图（单位:m）

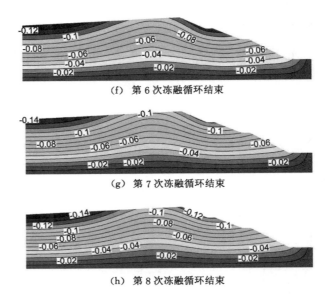

（f）第 6 次冻融循环结束

（g）第 7 次冻融循环结束

（h）第 8 次冻融循环结束

图 5-10（续）

由图 5-10 可知：在冻融循环作用下坝体竖向位移最大值出现在坝顶，这是由于坝顶处相对于其他位置更易发生侧限变形而导致竖向位移增大，初期坝由于与基岩直接接触，基岩的反作用使得其位移增大。

（3）－25 ℃降温梯度作用下尾矿坝的竖直方向位移分布

根据数值分析结果，将 8 次冻融循环过程中尾矿坝的竖直方向位移的演化规律进行整体描述，如图 5-11 所示。

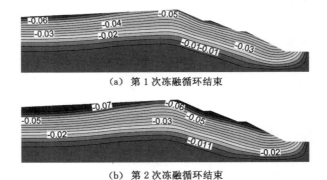

（a）第 1 次冻融循环结束

（b）第 2 次冻融循环结束

图 5-11　－25 ℃降温梯度作用下尾矿坝的竖直方向位移云图（单位：m）

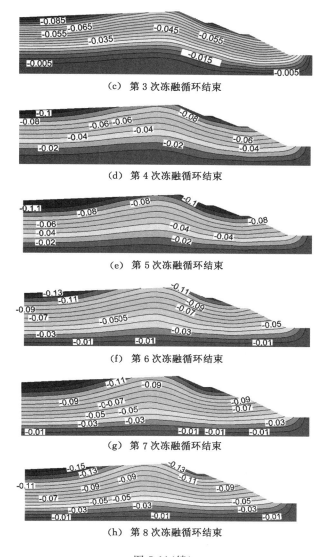

（c）第 3 次冻融循环结束

（d）第 4 次冻融循环结束

（e）第 5 次冻融循环结束

（f）第 6 次冻融循环结束

（g）第 7 次冻融循环结束

（h）第 8 次冻融循环结束

图 5-11（续）

由图 5-11 可知：在冻融循环作用下坝体基岩的竖向位移小。其原因：一方面，大部分基岩处于冻结深度以下，不受冻融过程的影响；另一方面，基岩的稳定性较尾矿砂好，不易发生冻胀融沉。

（4）－35 ℃降温梯度作用下尾矿坝的竖直方向位移分布

根据数值分析结果，对 8 次冻融循环过程中尾矿坝的竖直方向位移的演化规律进行整体描述,如图 5-12 所示。

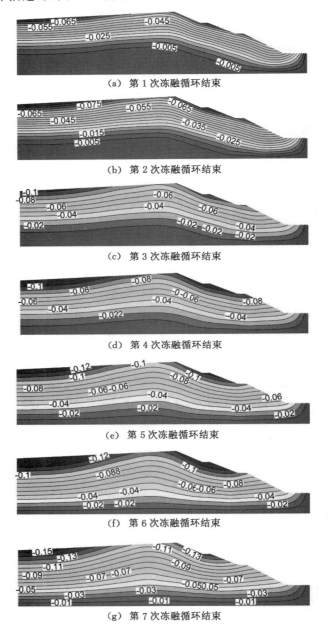

(a) 第 1 次冻融循环结束

(b) 第 2 次冻融循环结束

(c) 第 3 次冻融循环结束

(d) 第 4 次冻融循环结束

(e) 第 5 次冻融循环结束

(f) 第 6 次冻融循环结束

(g) 第 7 次冻融循环结束

图 5-12 −35 ℃降温梯度作用下尾矿坝的竖直方向位移云图(单位:m)

（h）第 8 次冻融循环结束

图 5-12（续）

由图 5-12 可知：在冻融循环作用下尾矿坝竖直方向的影响深度大于冻结深度。一方面，由于冻结深度是温度影响范围的一个指标，在冻结温度以上也存在冻融效应；另一方面，竖直方向位移是一个累计值，冻结深度以下的尾矿砂同样会受到上部尾矿砂的影响。

（5）－45 ℃降温梯度作用下尾矿坝的竖直方向位移分布

根据数值分析结果，对 8 次冻融循环过程中尾矿坝的竖直方向位移演化规律进行整体描述，如图 5-13 所示。

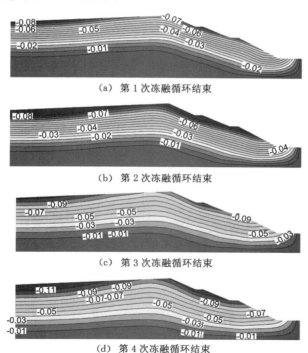

（a）第 1 次冻融循环结束

（b）第 2 次冻融循环结束

（c）第 3 次冻融循环结束

（d）第 4 次冻融循环结束

图 5-13　－45 ℃降温梯度作用下尾矿坝的竖直方向位移云图（单位：m）

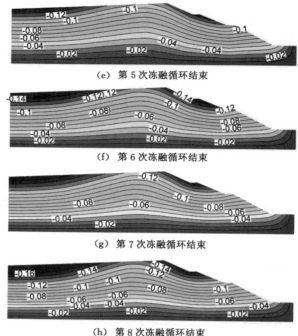

（e）第 5 次冻融循环结束

（f）第 6 次冻融循环结束

（g）第 7 次冻融循环结束

（h）第 8 次冻融循环结束

图 5-13（续）

由图 5-13 可知：在冻融循环作用下尾矿坝竖直方向的位移影响范围相对固定，这是由于受到最大冻结深度的影响，冻融循环对尾矿坝变形的影响受到限制。

5.3.2.2 竖直方向位移数值模拟结果分析

根据 4 个监测点的竖直方向位移监测结果，绘制成曲线，如图 5-14 所示。

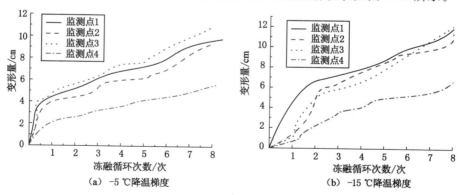

（a）-5 ℃降温梯度

（b）-15 ℃降温梯度

图 5-14 尾矿坝 4 个监测点处竖直方向位移变化曲线

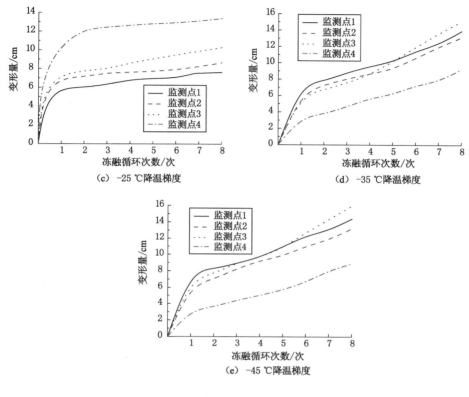

图 5-14（续）

由图 5-14 可知：在整个冻融循环过程中，尾矿坝的竖直方向位移的增长呈现先急速增大后逐步趋于稳定的变化趋势，在不同的降温梯度作用下监测点处的位移变化存在一定的差异，说明尾矿坝的竖直方向位移变化同样是非线性的。

5.4 冻融循环作用下尾矿坝安全系数分析

边坡安全系数是指边坡沿着滑裂面的抗滑力与滑动力的比值，用以表征边坡系统的稳定程度。安全系数越大，边坡越稳定，反之，边坡越不稳定。本小节主要探析冻融循环作用下尾矿坝安全系数变化规律。

5.4.1 安全系数随着冻融循环次数的变化规律

采用关联流动法进行边坡安全系数的求解，将计算结果列于表 5-4。

表 5-4 各工况不同冻融循环次数时的尾矿坝边坡安全系数

工况	冻融循环次数/次							
	1	2	3	4	5	6	7	8
1	1.85	1.84	1.82	1.79	1.77	1.74	1.70	1.65
2	1.84	1.83	1.81	1.78	1.76	1.73	1.68	1.64
3	1.82	1.80	1.79	1.75	1.73	1.70	1.67	1.63
4	1.80	1.78	1.76	1.74	1.70	1.67	1.65	1.60
5	1.78	1.77	1.75	1.73	1.68	1.66	1.63	1.59

由表 5-4 可知:冻融循环次数越多,安全系数越小,安全系数与冻融循环次数之间存在一定的负相关性。冻融循环作用下尾矿坝安全性与坝体变形线性相关。在季冻区进行尾矿坝的安全运行管理,需要对最大位移进行监测,当最大位移超过一定值时,需要对其进行安全评价。

5.4.2 安全系数退化分析

各个冻融循环阶段的安全系数计算结果如图 5-15 所示。

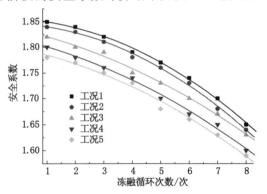

图 5-15 安全系数随冻融循环退化过程曲线

由图 5-15 可知:随着冻融循环次数增加,安全系数逐渐减小。受到水分迁移和永久变形的影响,尾矿坝的安全性逐渐降低。冻融循环次数一定时,温度梯度越大,安全系数变化越明显,降温梯度越大,对于尾矿坝的冻融损伤作用越大,这是致使尾矿坝安全系数降低的最主要的因素。将尾矿坝的安全系数随时间的退化进行二次项拟合,拟合结果见表 5-5。由拟合结果可知:尾矿坝的安全系数退化过程是一个二次曲线形,拟合结果的相关系数的平方(R^2)最小为 0.971 2。

表 5-5 安全系数退化拟合曲线参数表

工况	参数			
	2 次项	1 次项	常数项	R^2
1	−0.001 5	0.013 6	1.835 5	0.995 4
2	−0.002 7	0.004 6	1.847 7	0.996 9
3	−0.003 0	0.001 3	0.971 2	0.971 2
4	−0.001 5	0.014 2	0.994 2	0.994 2
5	−0.02 6	0.004 5	1.857 1	0.997 2

6 季节性冻土区尾矿坝变形控制措施研究

土体具有一定的压缩强度和剪切强度,但是其拉伸强度很低,所以在土体内铺设适量筋材,可以提高土体的强度和抗变形能力。

6.1 基于加高扩容的尾矿坝土工格栅布置方案

根据容量和生产状况,尾矿坝进行加高扩容,采用修筑子坝增大尾矿坝的高度,进而达到增加库容的目的。考虑到加高需要提高安全储备,本书将对比分析直接修筑坝体和采用土工格栅修筑坝体两种加高方式的安全储备和预测两种状态下冻融循环作用导致的坝体变形。建模时采用 geogrid 单元进行格栅模拟,共设置 3 道土工格栅,按照将子坝五等分的原则,在第二、第三、第四等分点设置土工格栅。

6.2 未加入土工格栅的尾矿坝加高扩容稳定性分析

随着冻融循环次数(也就是 N 年后)变化的坝顶位移曲线如图 6-1 所示。由图 6-1(a)可知:筑坝完成第一年水平位移相对较小;从筑坝完成第二年到第四年,坝体的变形逐渐增大,可以认为坝体此时处于弹性状态;筑坝完成第五年开始,位移增幅变大,可以认为坝体的变形此时开始进入塑性阶段。由图 6-1(b)可知:竖直方向位移主要表现为尾矿坝在重力作用下的变形,而由于尾矿砂本身级配不良,使得尾矿砂堆积体的孔隙率较大,因此在冻融循环作用下,竖直方向的位移值也存在一定的变化,且筑坝完成后第一年竖直位移较大。

图 6-2 和图 6-3 分别为加高扩容后冻融循环作用下尾矿坝的水平方向位移和竖直方向位移分布。

图 6-2 为不同冻融循环次数后,加高扩容后的尾矿坝水平方向位移云图。由水平方向位移云图可以看出:冻融循环作用下尾矿坝最大水平方向位移发生在坝体高程的中间部位,即尾矿坝一级子坝附近,此处尾矿砂有被"挤出"趋势。造成这种趋势的主要原因是:此处尾矿砂下部为初期坝,结构较稳定,而由于坝体整体坡

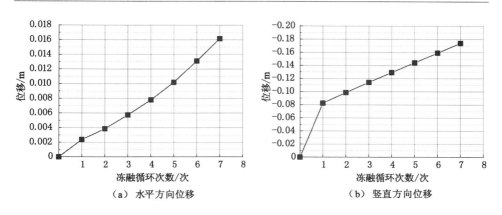

（a）水平方向位移　　　　　　　　（b）竖直方向位移

图 6-1　坝顶位移最大值-冻融循环次数关系曲线

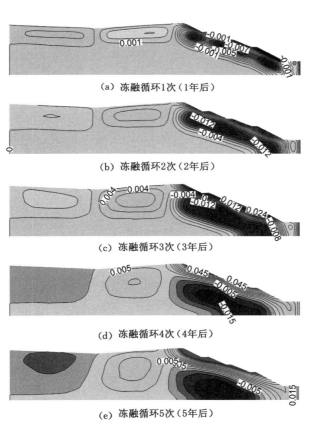

（a）冻融循环1次（1年后）

（b）冻融循环2次（2年后）

（c）冻融循环3次（3年后）

（d）冻融循环4次（4年后）

（e）冻融循环5次（5年后）

图 6-2　加高扩容后尾矿坝的水平方向位移云图（单位：m）

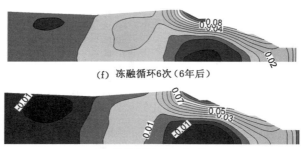

（f）冻融循环6次（6年后）

（g）冻融循环7次（7年后）

图 6-2（续）

度较缓,顶部子坝的固结压缩变形致使坝体表面的尾矿砂被"挤出"整个坝体的坡面,使坡面"突出",此结果对预测尾矿坝冻融循环作用下的破坏模式具有很大的帮助,从而为尾矿坝加固提供一定的帮助,在尾矿坝最容易发生破坏的中部采取适当的加固措施,能够很好地减小尾矿坝的水平位移,达到使整个坝体稳定的目的。这个趋势随着冻融循环次数的增加逐渐向坝顶位置移动,此结果可以判定冻融循环作用下的尾矿坝的失稳位置由下逐渐往上。

图 6-3 为不同冻融循环次数后,加高扩容后尾矿坝竖直方向位移云图。由图 6-3 可知:尾矿坝竖直方向位移类似于千层饼状分布,位移最大值始终出现在顶面,并且自坝顶向下,深度越大竖直方向位移越小,同时含水率越高的区域竖直方向位移越大。尾矿坝竖向位移变化趋势和数值均比较接近,这是由于该工况下的竖直方向位移主要表现为尾矿坝的沉降。

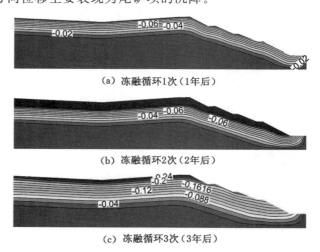

（a）冻融循环1次（1年后）

（b）冻融循环2次（2年后）

（c）冻融循环3次（3年后）

图 6-3　加高扩容后尾矿坝竖直方向位移云图（单位:m）

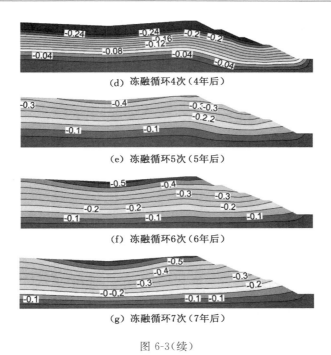

（d）冻融循环4次（4年后）

（e）冻融循环5次（5年后）

（f）冻融循环6次（6年后）

（g）冻融循环7次（7年后）

图 6-3（续）

6.3　加入土工栅格后的尾矿坝加高扩容稳定性分析

图 6-4 和图 6-5 分别为加入土工格栅加高扩容后在冻融循环作用下的尾矿坝的水平方向位移和竖直方向位移分布。

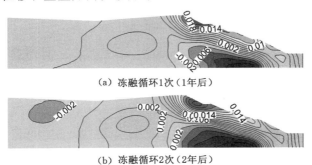

（a）冻融循环1次（1年后）

（b）冻融循环2次（2年后）

图 6-4　加入土工格栅加高扩容后在冻融循环作用下的
尾矿坝的水平方向位移云图（单位：m）

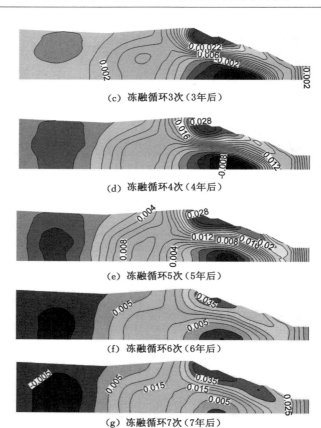

（c）冻融循环3次（3年后）

（d）冻融循环4次（4年后）

（e）冻融循环5次（5年后）

（f）冻融循环6次（6年后）

（g）冻融循环7次（7年后）

图 6-4（续）

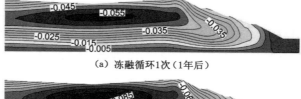

（a）冻融循环1次（1年后）

（b）冻融循环2次（2年后）

图 6-5 加入土工格栅加高扩容后在冻融循环作用下的
尾矿坝的竖直方向位移云图（单位：m）

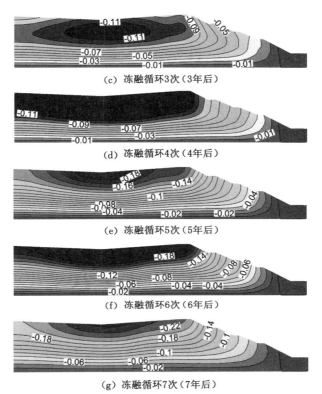

(c) 冻融循环3次（3年后）

(d) 冻融循环4次（4年后）

(e) 冻融循环5次（5年后）

(f) 冻融循环6次（6年后）

（g）冻融循环7次（7年后）

图 6-5（续）

图 6-4 为不同冻融循环次数（年）后加入土工格栅加高扩容后的尾矿坝水平方向位移云图。由图 6-4 可以看出：尾矿坝最大水平位移发生在坝体高程的顶部，即尾矿坝三级子坝附近，整个尾矿坝有被"挤出"的趋势。可以看出加入土工格栅以后，整个坝体的变形更协调，较未加入土工格栅而言，其潜在的滑移面被拉长，整体的稳定性有所提高。

图 6-5 为不同冻融循环次数（年）后加入土工格栅加高扩容后的尾矿坝竖直方向位移云图。由图 6-5 可以看出：加入土工格栅的尾矿坝竖直方向位移变化与未加入土工格栅有区别，土工格栅使坝体内部应力重新分布，这种重新分布使位移向下传递受到限制。总体而言，位移的变化趋势逐渐向千层饼状分布发展。

6.4　加入土工栅格效果分析

图 6-6 对比分析并汇总上述计算结果的位移和安全系数，其中图 6-6（a）为

未加入和加入格栅时的水平方向位移对比分析图,图 6-6(b)为未加入和加入格栅时的竖直方向位移对比分析图,图 6-6(c)为未加入和加入格栅时的安全系数对比分析图。

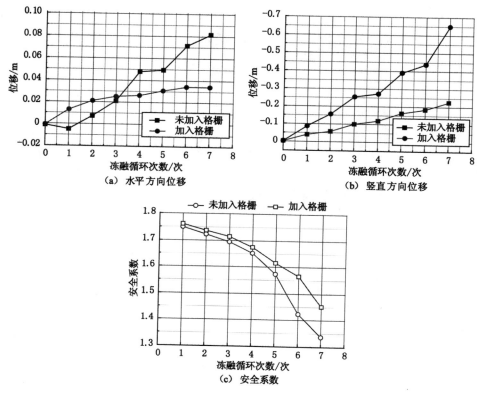

图 6-6　对比分析汇总图

由图 6-6 可知:从水平方向位移来看,加入格栅的尾矿坝的前期位移较大,但是位移变化较为稳定;不加入格栅时的尾矿坝位移变化先小于加入格栅,后期大于加入格栅,位移的变化不规律,最终位移较加入格栅大了1倍。从竖直方向位移来看,加入格栅的尾矿坝位移明显小于不加格栅,其位移之差最终达到了2倍之多。从安全系数来看,加入格栅可以提高尾矿坝的安全系数。

7　结　　论

本书开展了不同冻融循环条件下尾矿砂宏、细观物理力学性能试验,得到了不同冻融循环次数条件下尾矿砂压缩模量、渗透性、抗剪强度、黏聚力、内摩擦角、细观形态变化及粒径分布规律;采用自主研发的尾矿坝模型试验箱,开展了冻融循环作用下尾矿坝变形规律试验,得到了不同冻融循环次数、冻融温度条件下尾矿坝变形、应力、孔隙水压力变化规律,分析了冻融循环作用下尾矿坝变形机制,创新建立了尾矿坝冻融损伤结构势;建立考虑冻融损伤的尾矿坝热、水、力多场耦合数学模型,并对模型进行了验证;以实际工程为背景,基于考虑冻融损伤的尾矿坝热、水、力多场耦合数学模型,开展不同工况条件下尾矿坝冻融循环数值模拟,得到了不同温度、不同冻融循环次数条件下尾矿坝温度场、变形场分布及变化规律。主要结论如下:

(1) 随着冻融循环次数增加,尾矿砂宏观力学特性变化规律为:压缩模量首先迅速递减而后基本保持稳定,水平方向及竖直方向渗透系数先增大然后趋于稳定,经历多次的冻融循环后,其竖直方向的渗透系数比水平方向的渗透系数大得多,黏聚力和内摩擦角先减小后逐渐趋于稳定,冻融循环过程中冻胀作用对试样孔隙结构的破坏是其宏观物理力学性能发生变化的重要原因。

(2) 随着冻融循环次数增加,尾矿砂细观特性变化规律为:尾矿砂粒棱角锋利程度逐渐降低,在经历 5 次冻融循环后,尾矿砂粒最初尖锐的棱角逐渐转向圆润,最后趋向于平滑;冻融循环后的颗粒区域粒径分布连续性较好,整体上趋于"V"字形分布,在 $150~\mu m$ 处达到面积频率的最小值,等面积圆当量径可以达到 $250~\mu m$,粒径大于 $200~\mu m$ 的部分面积频率较冻融循环前显著增大。

(3) 随着冻融循环次数增加,尾矿坝水平方向位移、坝体内应力及坝体内孔隙水压力均先增大后逐渐趋于平稳,坝体位移、应力表现出明显的温度、时间效应。在冻结阶段,尾矿坝位移和应力均明显增大,在融化阶段,位移和应力均小幅减小,致使坝体变形和应力累积,而时间效应决定此累积不会无休止进行,表现为在一定冻融循环次数后变形和应力开始稳定,并维持在一定水平。坝体内孔隙水压力表现出明显的温度效应和深度效应:在冻结阶段,孔隙水压力大幅下降;在融化阶段,孔隙水压力升高;在单向冻结过程中,深度较小处冻结速率较快,孔隙水压力变化杂乱,深度较大处的土样冻结得快,对经历冻融循环的土体的影响较小,尾矿砂结构基本没变化,但重要的是孔隙水压力的变化规律会更加明显。同时,尾矿坝坝内尾矿砂冻融前后力学参数变化规律与尾矿坝变形具有较强的关联,尾矿坝变形越大,此区域尾矿砂黏聚力、单轴抗压强度冻融循环后衰减的幅度越大,因此,冻融循环作用下尾矿砂的物理力学性能对尾矿坝变形的影响不容忽视。冻融循环作用下,尾矿坝结构性损伤可用尾矿坝冻融循环结构势定量表征,其数学模型为:该数学模型不仅可以反映冻融循环次数对尾矿坝结构性破坏程度的影响,还可以反映出坝体内尾矿砂结构完全破坏后尾矿砂的强度变形特征,以及冻融循环作用下尾矿坝结构性动态演化过程。

(4)引入尾矿坝冻融损伤结构势,基于热-水-力多场耦合基本方程、热-力传导法则以及对流热扩散平衡准则建立考虑冻融损伤的尾矿坝热-水-力多场耦合数学模型,验证了模型的有效性和准确性。

(5)不同工况条件下尾矿坝冻融循环数值模拟结果表明:

① 冻融循环作用下,尾矿坝后部一定范围内的水平位移呈现圆弧状分布,竖直方向位移分布与整个尾矿坝等值线分布规律相同,水平方向位移的最大值出现在初期坝处,竖向位移最大值发生在子坝和坝顶位置处,尾矿库最大位移与安全系数存在强互相关性,安全系数退化过程符合二次型分布。

② 冻融循环作用下,尾矿坝坝区的温度传递速率与尾矿砂的含水率高度相关,含水率越高,温度传递的速度越快,降温梯度越大,温度影响范围越大。此外,尾矿坝坝区的最大冻结深度随着冻融循环次数的增加先急剧变化后趋于稳定,最大冻结深度为 4 m,与现场勘查结果吻合。

参 考 文 献

[1] 常丹,刘建坤,李旭,等.冻融循环对青藏粉砂土力学性质影响的试验研究[J].岩石力学与工程学报,2014,33(7):1496-1502.

[2] 常丹,刘建坤,李旭.冻融循环下粉砂土屈服及强度特性的试验研究[J].岩石力学与工程学报,2015,34(8):1721-1728.

[3] 常丹,刘建坤,李旭.冻融循环下粉砂土应力-应变归一化特性研究[J].岩土力学,2015,36(12):3500-3505,3515.

[4] 常丹.冻融循环下粉质砂土力学性质及本构模型研究[D].北京:北京交通大学,2016.

[5] 陈殿强,何峰,王来贵.凤城市某尾矿库溃坝数值计算[J].金属矿山,2009(10):74-76,80.

[6] 陈俊,姜清辉,姚池,等.尾矿库溃坝水流演进的数值模拟[J].南昌大学学报(工科版),2017,39(2):147-151.

[7] 陈青生,孙建华.矿山尾矿库溃坝砂流的计算模拟[J].河海大学学报,1995,23(5):99-105.

[8] 陈小玉.尾矿库溃坝下泄尾砂演进数值模拟研究[D].广州:华南理工大学,2016.

[9] 陈友根,祝玉学,黄芳.尾矿坝体抗滑和抗渗稳定性分析[J].有色金属(矿山部分),1991,43(4):30-33.

[10] 楚金旺,宋会彬,张红武.尾矿库漫顶溃坝模型试验研究[J].中国矿山工程,2015,44(3):73-77.

[11] 邓红卫,李爽,邓畯仁.渗流-应力耦合作用下尾矿库稳定性的三维数值分析[J].安全与环境学报,2016,16(4):133-138.

[12] 邓统辉,褚技威,曹永军.某尾矿料的抗剪试验研究[J].西部探矿工程,2011,23(2):12-16.

[13] 董阳.尾矿库溃坝致灾机理及风险评价研究[D].大连:大连交通大学,2014.

[14] 杜东宁.基于冻融循环作用的基坑变形机理及支护方案优化研究[D].阜

新:辽宁工程技术大学,2015.

[15] 杜晓燕,张千里,孔郁斐,等.高速铁路路基粗粒土冻胀机理探析[J].地下空间与工程学报,2016,12(增1):152-156.

[16] 杜艳强.细粒尾矿的工程性质及尾矿坝的动力分析[D].重庆:重庆大学,2016.

[17] 费维水.尾矿坝稳定性分析中的若干问题研究[D].昆明:昆明理工大学,2013.

[18] 古新蕊.尾矿坝稳定性及影响因素研究[D].阜新:辽宁工程技术大学,2012.

[19] 郭娟.木梓沟尾矿堆积坝的物理力学特性及坝体渗流场与应力场耦合分析[D].西安:西安理工大学,2009.

[20] 郭天勇,武伟伟,段蔚平,等.尾矿库溃坝滑坡体滑移距离的研究[J].金属矿山,2014(12):193-197.

[21] 何淼,刘恩龙,刘友能.地震动荷载作用下尾矿坝动力分析[J].四川大学学报(工程科学版),2016,48(增刊):33-38.

[22] 何新宁.细粒尾矿料力学特性及其筑坝静动力分析[D].西安:西安理工大学,2017.

[23] 贺金刚,张亚先,于菲,等.高堆尾矿坝尾砂物理力学特性差异性分析[J].中国钼业,2016,40(1):24-28.

[24] 黄鑫,蔡晓光.中线法尾矿砂的物理力学性质试验研究[J].防灾减灾工程学报,2016,36(2):220-224,238.

[25] 黄鑫.尾矿砂的静动力特性试验研究[D].廊坊:防灾科技学院,2016.

[26] 冀红娟.尾矿库溃坝灾害风险评估体系及风险管理体系的研究[D].重庆:重庆大学,2009.

[27] 贾倩,刘彬彬,於方,等.我国尾矿库突发环境事件统计分析与对策建议[J].安全与环境工程,2015,22(2):92-96.

[28] 金佳旭,崔红志,梁冰,等.地震作用下尾矿库溃坝过程模型试验及加固方案[J].中国安全科学学报,2017,27(2):92-97.

[29] 敬小非,潘昌树,谢丹,等.尾矿库溃坝泥石流相似模拟试验台设计及验证[J].中国安全生产科学技术,2017,13(7):24-29.

[30] 李海港,王汉强,刘辉.非煤矿山尾矿库溃坝最大影响距离的探讨[J].有色冶金设计与研究,2011,32(6):12-13,25.

[31] 李海港.降雨因素对尾矿库溃坝的影响及安全预警技术研究[D].北京:北京科技大学,2017.

[32] 李明,胡乃联,于芳,等.ANSYS 软件在尾矿坝稳定性分析中的应用研究[J].金属矿山,2005(8):56-59.

[33] 李强,张力霆,齐清兰,等.基于流固耦合理论某尾矿坝失稳特性及稳定性分析[J].岩土力学,2012,33(增刊 2):243-250.

[34] 李全明,王云海,张兴凯,等.尾矿库溃坝灾害因素分析及风险指标体系研究[J].中国安全生产科学技术,2008,4(3):50-53.

[35] 李全明,张兴凯,王云海,等.尾矿库溃坝风险指标体系及风险评价模型研究[J].水利学报,2009,40(8):989-994.

[36] 李全明,李玲,张嘎,等.尹庄尾矿库动力稳定分析及溃坝风险评价技术研究[J].世界地震工程,2010,26(增刊):346-351.

[37] 李全明,李玲,王云海,等.尾矿库溃坝淹没范围的定量计算方法研究[J].中国安全科学学报,2011,21(11):92-96.

[38] 李旭.降雨诱发尾矿库溃坝模式试验研究[D].昆明:昆明理工大学,2015.

[39] 李赟.尾矿溃坝洪水演进计算及影响分析[D].合肥:合肥工业大学,2012.

[40] 李兆炜,胡再强.基于渗流理论的尾矿坝坝体稳定性分析研究[J].水利与建筑工程学报,2010,8(1):56-59.

[41] 李振,邢义川.干密度和细粒含量对砂卵石及碎石抗剪强度的影响[J].岩土力学,2006,27(12):2255-2260.

[42] 李梓光.露天采坑内尾矿充填体力学性能监测研究[D].赣州:江西理工大学,2010.

[43] 梁力,李明,王伟,等.尾矿库坝体稳定性数值分析方法[J].中国安全生产科学技术,2007,3(5):11-15.

[44] 廖威林.尾矿库溃坝尾砂下泄数值模拟研究[D].广州:华南理工大学,2015.

[45] 刘登高.尾矿坝稳定性分析与研究[D].武汉:中国地质大学,2007.

[46] 刘磊,张红武,钟德钰,等.尾矿库漫顶溃坝模型研究[J].水利学报,2014,45(6):675-681.

[47] 刘泉声,黄诗冰,康永水,等.裂隙岩体冻融损伤研究进展与思考[J].岩石力学与工程学报,2015,34(3):452-471.

[48] 刘世伟,张建明.高温冻土物理力学特性研究现状[J].冰川冻土,2012,34(1):120-129.

[49] 刘庭发,张鹏伟,胡黎明.含硫铜矿尾矿料的工程力学特性试验研究[J].岩土工程学报,2013,35(增 1):166-169.

[50] 刘文连,张晓玲,阎鼎熠,等.某大型尾矿库坝体勘察新技术及尾矿砂土工

程特性初步研究[J].工程地质学报,2004,12(增1):523-528.

[51] 刘洋,赵学同,吴顺川.快速冲填尾矿库静力液化分析与数值模拟[J].岩石力学与工程学报,2014,33(6):1158-1168.

[52] 刘洋,齐清兰,张力霆.尾矿库溃坝泥石流的演进过程及防护措施研究[J].金属矿山,2015(12):139-143.

[53] 刘洋.尾矿库溃坝泥石流的影响因素及防护措施研究[D].石家庄:石家庄铁道大学,2015.

[54] 刘志斌,柳媛.高山镇赤泥尾矿库溃坝风险评价研究[J].环境工程,2012,30(s2):362-367.

[55] 柳厚祥,王开治.旋流器与分散管联合堆筑尾矿坝地震反应分析[J].岩土工程学报,1999,21(2):171-176.

[56] 罗建林,牛跃林,孙浩刚.圆弧条分法在尾矿库安全评价中的应用[J].中国安全生产科学技术,2006,2(3):84-87.

[57] 马池香,秦华礼.基于渗透稳定性分析的尾矿库坝体稳定性研究[J].工业安全与环保,2008,34(9):32-34.

[58] 马池香,秦华礼,许树芳,等.基于水土交互作用分析的尾矿坝渗流场研究[J].金属矿山,2009(5):168-171.

[59] 梅国栋.尾矿库溃坝机理及在线监测预警方法研究[D].北京:北京科技大学,2015.

[60] 明锋,李东庆,陈世杰.水分迁移对冻土细观结构的影响[J].冰川冻土,2016,38(3):671-678.

[61] 宁民霞,王振伟,殷新宇.水对尾矿坝的稳定性影响研究[J].矿业快报,2006,22(5):43-44.

[62] 潘建平,王宇鸽,宋应潞.细粒含量对高应力尾砂不排水剪切强度特性的影响[J].金属矿山,2015,44(9):66-169.

[63] 彭博.基于 PFC2D 某尾矿库稳定性分析及失稳过程研究[M].昆明:昆明理工大学,2015.

[64] 彭康,李夕兵,王世鸣,等.基于未确知测度模型的尾矿库溃坝风险评价[J].中南大学学报(自然科学版),2012,43(4):1447-1452.

[65] 皮清珠.细粒含量和围压影响下的尾粉砂力学特性试验研究及工程应用[D].重庆:重庆大学,2012.

[66] 普兴林.某尾矿库尾矿沉积特性对坝体稳定性的影响分析[D].昆明:昆明理工大学,2016.

[67] 亓兆伟,苏剑平.尾矿库坝体稳定分技术方法[J].西部探矿工程,2011,23

(1):165-166.

[68] 齐吉琳,马巍.冻土的力学性质及研究现状[J].岩土力学,2010,31(1): 133-143.

[69] 乔兰,屈春来,崔明.细粒含量对尾矿工程性质影响分析[J].岩土力学, 2015,36(4):923-927,945.

[70] 秦柯,孟宪磊.尾矿库溃坝溃口发展状态模拟试验[J].现代矿业,2016,32 (11):183-184,195.

[71] 阮德修,胡建华,周科平,等.基于FLO2D与3DMine耦合的尾矿库溃坝灾 害模拟[J].中国安全科学学报,2012,22(8):150-156.

[72] 盛岱超,张升,贺佐跃.土体冻胀敏感性评价[J].岩石力学与工程学报, 2014,33(3):594-605.

[73] 束永保,李培良,李仲学.尾矿库溃坝事故损失风险评估[J].金属矿山, 2010(8):156-159.

[74] 孙恩吉,张兴凯,程嵩.尾矿库溃坝离心机振动模型试验研究[J].中国安全 科学学报,2012,22(6):130-135.

[75] 唐玉兰,曹小玉,殷婷婷,等.大伙房水库上游某尾矿库溃坝应急处理工程 措施研究[J].安全与环境学报,2013,13(3):180-185.

[76] 田亚坤.干湿循环作用下尾矿砂物理力学特性研究[D].衡阳:南华大 学,2016.

[77] 王崇淦,张家生.某尾矿料的物理力学性质试验研究[J].矿冶工程,2005, 25(2):19-22.

[78] 王凤凰.某尾矿库安全评价定量分析与研究[D].武汉:武汉理工大 学,2010.

[79] 王凤江.土工织物增强尾矿砂的力学性能研究[D].阜新:辽宁工程技术大 学,2004.

[80] 王晋森,贾明涛,王建,等.基于物元可拓模型的尾矿库溃坝风险评价研究 [J].中国安全生产科学技术,2014,10(4):96-102.

[81] 王群.细粒尾矿坝浸润线分布特点对其安全影响的研究[D].北京:北方工 业大学,2015.

[82] 王书娟,陈志国,秦卫军等.季节性冰冻地区路基冻胀机理分析[J].公路交 通科技,2012,29(7):20-24,44.

[83] 王文松,尹光志,魏作安,等.基于时程分析法的尾矿坝动力稳定性研究 [J].中国矿业大学学报,2018,47(2):271-279.

[84] 王文星.尾矿坝稳定性分析及安全对策的研究[D].长沙:中南大学,2007.

[85] 王新民,胡一波,张钦礼,等.尾粉砂干堆尾矿坝安全影响因素的敏感性分析[J].安全与环境学报,2016,16(3):6-10.

[86] 魏厚振,周家作,韦昌富,等.饱和粉土冻结过程中的水分迁移试验研究[J].岩土力学,2016,37(9):2547-2552,2560.

[87] 魏宁,茜平一,张波,等.软基处理工程的有限元数值模拟[J].岩土力学与工程学报,2005,24(增2):5789-5794.

[88] 魏作安.细粒尾矿及其堆坝稳定性研究[D].重庆:重庆大学,2004.

[89] 魏作安,杨永浩,徐佳俊,等.人工冻结尾矿力学特性单轴压缩试验研究[J].东北大学学报(自然科学版),2016,37(1):123-126.

[90] 魏作安,杨永浩,赵怀军,等.小打鹅尾矿库尾矿堆积坝稳定性研究[J].东北大学学报(自然科学版),2016,37(4):589-593.

[91] 温智,盛煜,马巍,等.退化性多年冻土地区公路路基地温和变形规律[J].岩石力学与工程学报,2009,28(7):1477-1483.

[92] 巫尚蔚,杨春和,张超,等.基于Weibull模型的细粒尾矿粒径分布[J].重庆大学学报,2016,39(3):1-12.

[93] 吴娇.尾矿库溃坝风险评价与分级技术研究[D].沈阳:东北大学,2009.

[94] 吴永卿.尾矿库溃坝泥石流演进规律模型试验研究[D].石家庄:石家庄铁道大学,2015.

[95] 吴宗之,梅国栋.尾矿库事故统计分析及溃坝成因研究[J].中国安全科学学报,2014,24(9):70-76.

[96] 夏美琼.放射性尾矿库坝体稳定性分析与溃坝事故应急研究[D].衡阳:南华大学,2014.

[97] 谢芬.尾矿坝渗透变形及稳定性研究[D].西安:长安大学,2014.

[98] 谢旭阳,田文旗,王云海,等.我国尾矿库安全现状分析及管理对策研究[J].中国安全生产科学技术,2009,5(2):5-9.

[99] 杨国顺.井峪沟尾矿坝稳定性分析[D].沈阳:沈阳建筑大学,2011.

[100] 杨建平,杨岁桥,李曼,等.中国冻土对气候变化的脆弱性[J].冰川冻土,2013,35(6):1436-1445.

[101] 杨啸铭.基于PFC2D的邱山铁矿尾矿库坝体稳定性和溃坝模拟分析研究[D].昆明:昆明理工大学,2015.

[102] 杨燕,徐佳俊,杨永浩.粒径大小对非饱和尾矿抗剪强度的影响研究[J].地下空间与工程学报,2013,9(4):861-864.

[103] 杨永浩.冻融循环作用下尾矿力学特性的试验研究[D].重庆:重庆大学,2014.

[104] 尹光志,魏作安,万玲.龙都尾矿库地下渗流场的数值模拟分析[J].岩土力学,2003,24(增刊):25-28.

[105] 尹光志,张千贵,魏作安,等.孔隙水运移特性及对尾矿细观结构作用机制试验研究[J].岩石力学与工程学报,2012,31(1):71-79.

[106] 于广明,宋传旺,潘永战,等.尾矿坝安全研究的国外新进展及我国的现状和发展态势[J].岩石力学与工程学报,2014,33(增1):3238-3248.

[107] 袁湘民.下水湾尾矿库安全评价及溃坝模拟分析[D].长沙:中南大学,2008.

[108] 袁子有.尾矿库溃坝数值计算及对下游影响分析[J].金属矿山,2012(8):156-159.

[109] 曾桂军,张明义,李振萍,等.饱和正冻土水分迁移及冻胀模型研究[J].岩土力学,2015,36(4):1085-1092.

[110] 翟文龙.细粒尾矿高堆坝抗震液化稳定性研究[D].北京:中国地质大学(北京),2011.

[111] 张海满.某尾矿坝稳定性分析及溃坝模拟[D].石家庄:河北地质大学,2016.

[112] 张红武,刘磊,卜海磊,等.尾矿库溃坝模型设计及试验方法[J].人民黄河,2011,33(12):1-5.

[113] 张会,刘茂.基于贝叶斯估计的尾矿库溃坝事故概率分析[J].安全与环境学报,2010,10(2):135-137.

[114] 张慧颖.云南会泽驾车磷矿细粒尾矿坝工程地质特性及稳定性研究[D].昆明:昆明理工大学,2016.

[115] 张津嘉.尾矿库溃坝模式分析及风险指标体系的研究[J].有色金属(矿山部分),2010,62(5):64-67.

[116] 张力霆.尾矿库溃坝研究综述[J].水利学报,2013,44(5):594-600.

[117] 张鹏伟,吴辉,胡黎明,等.铁矿尾矿料力学特性及坝体变形稳定性研究[J].工程地质学报,2015,23(6):1189-1195.

[118] 张兴凯,孙恩吉,李仲学.尾矿库洪水漫顶溃坝演化规律试验研究[J].中国安全科学学报,2011,21(7):118-124.

[119] 张一军.细粒土尾矿坝稳定性研究[D].西安:长安大学,2007.

[120] 张媛媛,杨凯.尾矿库生命周期溃坝风险演化研究[J].中国安全科学学报,2017,27(7):1-6.

[121] 张志军,李亚俊,贺桂成,等.某尾矿坝毛细水带内的坝体材料物理力学特性研究[J].岩土力学,2014,35(6):1561-1568.

［122］郑欣.尾矿库溃坝风险研究［D］.沈阳:东北大学,2013.

［123］周汉民.基于模袋法堆坝的尾矿坝稳定性研究［D］.北京:北京科技大学,2017.

［124］周科平,刘福萍,胡建华,等.尾矿库溃坝灾害链及断链减灾控制技术研究［J］.灾害学,2013,28(3):24-29.

［125］周庆云,孙健,李育红,等.几种尾矿的物理力学性质比较［J］.岩土工程界,2009,12(4):38-41.

［126］周舒威,李庶林,李青石,等.基于渗流-应力耦合分析的野鸡尾尾矿坝稳定性研究［J］.防灾减灾工程学报,2012,32(4):494-501.

［127］周薛森,刘永,李国辉,等.基于 ABAQUS 强度折减法某铀尾矿坝稳定性分析［J］.南华大学学报(自然科学版),2016,30(2):21-26.

［128］朱宁,陈玉明,袁利伟.云南某尾矿库溃坝砂流流态研究［J］.有色金属(矿山部分),2013,65(5):75-80.

［129］朱宁.金河矿业公司勐桥铁矿李子菁尾矿库溃坝状态数值模拟研究［D］.昆明:昆明理工大学,2014.

［130］朱时廷,侯运炳,陈林林,等.全尾砂沉降性能及其影响因素［J］.地下空间与工程学报,2017,13(4):931-937.

［131］ANISIMOV M V,BABUTA M N,KUZNETSOVA U N,et al. The mathematical simulation of the temperature fields of building envelopes under permanent frozen soil conditions［C］//IOP Conference Series: Materials Science and Engineering. IOP Publishing,2016,124(1):12-15.

［132］AUKENTHALER M, BRINKGREVE R B J, AXAIRE A. Evaluation and application of a constitutive model for frozen and unfrozen soil［C］// In Proceedings of the GeoVancouver 2016: the 69th Canadian Geotechnical Conference. Ancouver:［s. n.］,2016:1-8.

［133］AUKENTHALER M, BRINKGREVE R, HAXAIRE A. A practical approach to obtain the soil freezing characteristic curve and the freezing/melting point of a soil-water system［C］//Proceedings of the Geovancouver 2016. Vancouver:［s. n.］,2016.

［134］BEIER N A,SEGO D C. Cyclic freeze-thaw to enhance the stability of coal tailings［J］. Cold regions science and technology,2009,55(3):278-285.

［135］BEIER N A,WILSON W,DUNMOLA A,et al. Impact of flocculation-based dewatering on the shear strength of oil sands fine tailings［J］.

Canadiangeotechnical journal,2013,50(9):1001-1007.

[136] BENNETT L E,BURKHEAD J L,HALE K L,et al. Analysis of transgenic Indian mustard plants for phytoremediation of metal-contaminated mine tailings[J]. Journal of environmental quality,2003,32(2):432-440.

[137] BLOWES D W,JAMBOR J L. The pore-water geochemistry and the mineralogy of the vadose zone of sulfide tailings,Waite Amulet,Quebec, Canada[J]. Appliedgeochemistry,1990,5(3):327-346.

[138] BLOWES D W,REARDON E J, JAMBOR J L,et al. The formation and potential importance of cemented layers in inactive sulfide mine tailings [J]. Geochimica et cosmochimica acta,1991,55(4):965-978.

[139] BRUNO BUSSIÈRE,ROBERT P CHAPUIS,MICHELi AUBERTIN. Unsaturated flow modeling for exposed and covered tailings dams[C]. The Montreal ICOLD Conference,2003:1-20.

[140] BUSSIÈRE B,CHAPUIS R P,AUBERTIN M. Unsaturated flow modeling for exposed and covered tailings dams[C]//The Montreal ILD Conference. Montreal:[s. n.],2003.

[141] CAI D G,YAN H Y,YAO J P,et al. Engineering test research of XPS insulation structure applied in high speed railway of seasonal frozen soil roadbed[J]. Procedia engineering,2016,143:1519-1526.

[142] CHAKRABORT D,CHOUDHURY D. Investigation of the behavior of tailings earthen dam under seismic conditions[J]. American journal of engineering and applied sciences,2009,2(3):559-564.

[143] CHEN R,LEI W D,LI Z H. Anisotropic shear strength characteristics of a tailings sand [J]. Environmental earth sciences, 2014, 71 (12): 5165-5172.

[144] DAI H D,YIN M L,HE T Y,et al. Research on the mechanical and thermophysical properties of frozen soil in Cretaceous formation[J]. Applied mechanics and materials,2014,580-583:962-965.

[145] DAWSON R F,SEGO D C,POLLOCK G W. Freeze-thaw dewatering of oil sands fine tails [J]. Canadian geotechnical journal, 1999, 36 (4): 587-598.

[146] DEMIRDAG S. Effects of freezing-thawing and thermal shock cycles on physical and mechanical properties of filled and unfilled travertines[J]. Construction and building materials,2013,47:1395-1401.

[147] DUYVESTEYN W P C,BUDDEN J R,PICAVET M A. Extraction of bitumen from bitumen froth and biotreatment of bitumen froth tailings generated from tar sands:US5968349[P]. 1999-10-19.

[148] FALL M,BENZAAZOUA M,OUELLET S. Experimental characterization of the influence of tailings fineness and density on the quality of cemented paste backfill[J]. Minerals engineering,2005,18(1):41-44.

[149] FELLET G,MARCHIOL L,VEDOVE G D,et al. Application of biochar on mine tailings:effects and perspectives for land reclamation[J]. Chemosphere,2011,83(9):1262-1267.

[150] FOSTER A L,BROWN G E,TINGLE T N,et al. Quantitative arsenic speciation in mine tailings using X-ray absorption spectroscopy[J]. American mineralogist,1998,83(5-6):553-568.

[151] GHOBADI M H,TORABI-KAVEH M. Assessing the potential for deterioration of limestones forming Taq-e Bostan monuments under freeze-thaw weathering and Karst development [J]. Environmental earth sciences,2014,72(12):5035-5047.

[152] KESIMAL A,YILMAZ E,ERCIKDI B,et al. Effect of properties of tailings and binder on the short-and long-term strength and stability of cemented paste backfill[J]. Materials letters,2005,59(28):3703-3709.

[153] LI F X. The research on tailings dam material physical and mechanical properties [J]. Applied mechanics and materials, 2013, 448-453: 1265-1268.

[154] MACKINNON M D,BOERGER H. Description of two treatment methods for detoxifying oil sands tailings pond water[J]. Waterquality research journal,1986,21(4):496-512.

[155] MAKUSA G P,BRADSHAW S L,BERNS E,et al. Freeze-thaw cycling concurrent with cation exchange and the hydraulic conductivity of geosynthetic clay liners[J]. Canadiang eotechnical journal,2014,51(6): 591-598.

[156] MA L,QI J L,YU F,et al. Experimental study on variability in mechanical properties of a frozen sand as determined in triaxial compression tests [J]. Actageotechnica,2016,11(1):61-70.

[157] MENDEZ M O,MAIER R M. Phytostabilization of mine tailings in arid and semiarid environments: an emerging remediation technology [J].

Environmental health perspectives,2008,116(3):278-283.

[158] MOHAMED A M O,YONG R N,CAPORUSCIO F,et al. Chemical interaction and cyclic freeze-thaw effects on the integrity of the soil cover for walte amulet tailings[C]// Environmental Engineering-conference. American Society of Civil Engineers,1993:259.

[159] MORIN K A,CHERRY J A,DAVÉ N K,et al. Migration of acidic groundwater seepage from uranium-tailings impoundments,2. Geochemical behavior of radionuclides in groundwater[J]. Journal of contaminant hydrology,1988,2(4):305-322.

[160] NICHOLSON R V,GILLHAM R W,CHERRY J A,et al. Reduction of acid generation in mine tailings through the use of moisture-retaining cover layers as oxygen barriers[J]. Canadian geotechnical journal,1989, 26(1):1-8.

[161] NIG G. Representing frozen soil and its effect on infiltration in Earth System Models[C]//AGU Fall Meeting Abstracts. [S. l. : s. n.],2015: 1-5.

[162] OZCAN N T,ULUSAY R,ISIK N S. A study on geotechnical characterization and stability of downstream slope of a tailings dam to improve its storage capacity (Turkey)[J]. Environmental earth sciences,2013,69 (6):1871-1890.

[163] PROSKIN S,SEGO D,ALOSTAZ M. Freeze-thaw and consolidation tests on Suncor mature fine tailings (MFT)[J]. Coldregions science and technology,2010,63(3):110-120.

[164] PSARROPOULOS P N,TSOMPANAKIS Y. Stability of tailings dams under static and seismicloading[J]. Canadian geotechnical journal,2008, 45(5):663-675.

[165] RICO M,BENITO G,SALGUEIRO A R,et al. Reported tailings dam failures:a review of the European incidents in the worldwide context[J]. Journal of hazardous materials,2008,152(2):846-852.

[166] RODRÍGUEZ L,RUIZ E,ALONSO-AZCÁRATE J,et al. Heavy metal distribution and chemical speciation in tailings and soils around a Pb-Zn mine in Spain[J]. Journal of environmental management,2009,90(2): 1106-1116.

[167] STOLTZ E,GREGER M. Accumulation properties of As,Cd,Cu,Pb and

Zn by four wetland plant species growing on submerged mine tailings [J]. Environmental and experimental botany,2002,47(3):271-280.

[168] TAN X J,CHEN W Z,YANG J P,et al. Laboratory investigations on the mechanical properties degradation of granite under freeze-thaw cycles[J]. Cold regions science and technology,2011,68(3):130-138.

[169] THOMAS G H,HARVEY N M,MICHAEL P D,et al. Seismic assessment of tailings dams[J]. Civil engineering,1992,62(12):64-66.

[170] WANG T L,LIU Y J,YAN H,et al. An experimental study on the mechanical properties of silty soils under repeated freeze-thaw cycles [J]. Cold regions science and technology,2015,112:51-65.

[171] WATANABE K,KITO T,DUN S H,et al. Water infiltration into a frozen soil with simultaneous melting of the frozen layer[J]. Vadosezone journal,2013,12(1):1048-1060.

[172] WENTZ C. Tailings management:problems and solutions in the mining industry[J]. Journal of hazardous materials,1991,27(2):231.

[173] WICKLAND B E,WILSON G W,WIJEWICKREME D. Hydraulic conductivity and consolidation response of mixtures of mine waste rock and tailings[J]. Canadian geotechnical journal,2010,47(4):472-485.

[174] WIJEWICKREME D,SANIN M V,GREENAWAY G R. Cyclic shear response of fine-grained mine tailings[J]. Canadian geotechnical journal, 2005,42(5):1408-1421.

[175] XU Z G,YANG Y,CHAI J R,et al. Mesoscale experimental study on chemical composition,pore size distribution,and permeability of tailings [J]. Environmental earth sciences,2017,76(20):1-13.

[176] YAMAMOTO Y,SPRINGMAN S M. Axial compression stress path tests on artificial frozen soil samples in a triaxial device at temperatures just below 0 ℃ [J]. Canadian geotechnical journal, 2014, 51 (10): 1178-1195.

[177] YAO Y,GAO B,INYANG M,et al. Biochar derived from anaerobically digested sugar beet tailings:Characterization and phosphate removal potential[J]. Bioresource technology,2011,102(10):6273-6278.

[178] ZANDARÍN M T,OLDECOP L A,RODRÍGUEZ R,et al. The role of capillary water in the stability of tailing dams[J]. Engineering geology, 2009,105(1-2):108-118.

[179] ZENG L,LI X M,LIU J D. Adsorptive removal of phosphate from aque-
ous solutions using iron oxide tailings[J]. Water research,2004,38(5):
1318-1326.

[180] ZHANG Z,MA W,FENG W J,et al. Reconstruction of soil particle com-
position during freeze-thaw cycling:a review[J]. Pedosphere,2016,26
(2):167-179.

[181] ZHANG Z,ROMAN L T,MA W,et al. The freeze-thaw cycles-time
analogy method for forecasting long-term frozen soil strength[J]. Meas-
urement,2016,92:483-488.

[182] ZOU Y Z,BOLEY C. Compressibility of fine-grained soils subjected to
closed-system freezing and thaw consolidation[J]. Mining Science and
technology,2009,19(5):631-635.